我最喜欢的趣味物理书

PHYSICS

〔俄罗斯〕别莱利曼 著　　柯楠 编译

中国纺织出版社

内 容 提 要

本书是世界著名科普作家别莱利曼最经典的作品，书中列举出了大量妙趣横生的生活现象和常见问题，并用物理学的知识进行深入浅出的讲解，不仅能让人感受到物理学的趣味，学会用物理思维方式思考问题，还能激发孩子无穷的想象力和创造力。

图书在版编目（CIP）数据

我最喜欢的趣味物理书 ／（俄罗斯）别莱利曼著；柯楠编译. —北京：中国纺织出版社，2018.12（2021.1重印）
ISBN 978-7-5180-4967-7

Ⅰ.①我… Ⅱ.①别… ②柯… Ⅲ.①物理学—青少年读物 Ⅳ.①O4-49

中国版本图书馆CIP数据核字（2018）第093599号

策划编辑：郝珊珊　　责任印制：储志伟

中国纺织出版社出版发行
地址：北京市朝阳区百子湾东里A407号楼　邮政编码：100124
销售电话：010—67004422　传真：010—87155801
http：//www.c-textilep.com
E-mail：faxing@c-textilep.com
中国纺织出版社天猫旗舰店
官方微博http://weibo.com/2119887771
河北鹏润印刷有限公司印刷　各地新华书店经销
2018年12月第1版　2021年1月第2次印刷
开本：710×1000　1/16　印张：12
字数：108千字　定价：39.80元

编译者序

"全世界孩子最喜爱的大师趣味科学丛书"是世界著名科普作家别莱利曼最经典的作品之一，从1916年完成到1986年已经再版22次，被翻译成十几种文字，畅销20多个国家，全世界销量超过2000万册。

别莱利曼通过巧妙的分析，把一些高深的科学原理变得通俗简单，让晦涩难懂的科学问题变得生动有趣，还有各种奇思妙想以及让人意想不到的比对，这些内容大都跟我们的日常生活息息相关，有的取材于科学幻想作品，如马克·吐温、儒勒·凡尔纳、威尔斯等作者的作品片段，这些情节中描绘的奇妙经历，不仅引人入胜，还能让读者在趣味阅读中收获知识。

由于写作年代的限制，这套书存在一定的局限性，毕竟作者在创作这套书时，科学研究没有现在严谨，书中用了一些旧制单位，且随着科学的发展，很多数据已经发生了改变。在编译这套书时，我们在保留这一伟大作品的精髓的同时，也做了些许的改动，并结合现代科学知识，进行了一些小小的补充。希望读者们在阅读时，能够有更大的收获。

在编译的过程中，我们已经尽了最大的努力，但依然不可避免会有疏漏之处。在此，恳请读者提出宝贵的意见和建议，帮助我们进行完善和改进。

目 录

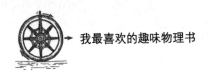

Chapter1
速度和运动

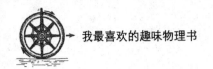
我们的速度有多快

一个专业的长跑运动员，跑完1.5千米大约需要3分35秒，相当于每秒7米左右；而一个普通人走路的速度为每秒1.5米。这样看起来二者速度差别很大。不过，这两个速度不可以用同一标准来衡量。步行的速度虽然慢，但他可以连续走几个小时；运动员的速度虽然快，但只能持续很短的时间。同样的道路，军人在急行军的时候，每秒钟大约走2米，速度比赛跑的人要慢很多，但他们可以不停歇地走上十几个小时，甚至一整天，这是长跑运动员没法比的。

如果拿人类和蜗牛、乌龟这样行动缓慢的动物相比，结果还是挺有趣的。蜗牛是行动最慢的动物之一，每秒只能爬1.5毫米，一小时只能走5.4米，而一个成年人走一个小时差不多是5400米。对比就会发现，蜗牛的行进速度是人行进速度的千分之一！乌龟虽然爬得

也很慢，每小时只能爬70米左右，但跟蜗牛比起来显得快多了，是蜗牛的10多倍。

与乌龟和蜗牛相比，人的速度还是相当快的。可如果跟其他一些动物相比，人类就没那么快了。比如，令人讨厌的苍蝇，每秒钟能飞5米，而人行走的速度每秒钟只有1.5米，人只有踩着溜冰鞋才能赶上苍蝇的速度。若是跟野兔、猎狗这样的动物相比，人类就算是骑马也赶不上它们。至于老鹰这种速度极快的动物，我们想要追上它，就只能坐飞机了。

虽然人的速度比不上很多动物，但人类的智慧却相当了得。人类发明了各种高速行驶的工具，比如汽车、飞机、火箭等。这样的发明，就使人类成了世界上运动得最快的动物。

苏联曾经制造出一种水翼客轮，时

速可达 60 ～ 70 千米。陆地上运动的交通工具速度更快，比如客运火车的速度可达到每小时 100 千米以上。图 1 的新型轿车吉尔 –111，速度达到了每小时 170 千米，"海鸥"汽车的速度达到每小时 160 千米。

图 1　新型轿车吉尔 –111

飞机的速度更是惊人，图 2 所示的图 -104 飞机，平均飞行速度大约是每小时 800 千米。曾经，飞机制造者还需要面对"超音速"的难题，即超过每秒 330 米，也就是每小时 1200 千米，现在这个难题早就被攻破了。强劲的喷气式发动机，能使飞机的速度接近每小时 2000 千米。

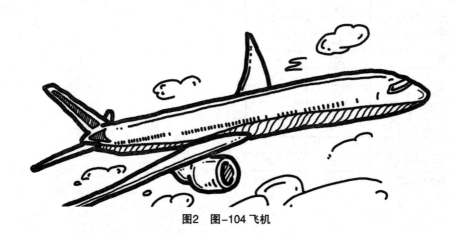

图2　图 -104 飞机

人类制造的航天飞行器，还能达到更快的速度。靠近大气层边缘运行着人造地球卫星，它每秒运行的速度接近 8 千米，而宇宙飞船在飞离地面时的初始速度更是惊人，每秒钟超过了11.2千米，达到了 第二宇宙速度。- - - - - - - ->

> 第二宇宙速度，是指可以摆脱地球引力的束缚，飞离地球，进入环绕太阳运动的轨道的速度。第一宇宙速度，也叫环绕速度，是指航天器绕地球表面做圆周运动时必须具备的速度。

附：速度对照表

	米／秒	千米／小时
蜗牛	0.0015	0.0054
乌龟	0.02	0.07
鱼	1	3.5
步行的人	1.4	5
骑兵常步	1.7	6
骑兵快步	3.5	12.6
苍蝇	5	18
滑雪的人	5	18
骑兵快跑	8.5	30
水翼船	17	60
野兔	18	65
鹰	24	86
猎狗	25	90
火车	28	100
小汽车	56	200
竞赛汽车	174	633
大型民航飞机	250	900
声音（空气中）	330	1200
轻型喷气飞机	550	2000
地球的公转	30000	108000

和时间赛跑

如果我们早上8点钟坐飞机从符拉迪沃斯托克出发，那么当天的同一时间上午8点钟，我们能抵达莫斯科吗？当然可以！讨论这个问题的意义何在呢？在此，我们需要弄清楚一个问题：符拉迪沃斯托克与莫斯科之间的时差是9个小时。也就是说，如果飞机能用9个小时从符拉迪沃斯托克飞到莫斯科，那么它到达莫斯科的时间，刚好就是它从符拉迪沃斯托克起飞的时间。

符拉迪沃斯托克与莫斯科之间的距离大约是9000千米。这就是说，如果飞机的飞行速度能达到每小时1000千米，那么9个小时就能抵达，这对于现代的飞机来说完全可以实现。

想要在极地维度"追赶太阳"（更确切地说，是追赶地球），要求达到的速度并不高。在77°纬线上，飞机飞行的时速只要达到450千米就能实现。这样，飞机就可以在跟随地球自转的方向和地球保持相对静止的状态。这时候，乘客从飞机上向外看，太阳就是静止不动的，且永远不会落下。当然，前提条件是，飞机必须朝着地球自转的方向飞行。

那我们能不能"追赶月亮"呢？这就更简单了。月亮是围绕着地球旋转的，它的运行速度是地球自转速度的1/29。这里我们说的是"角速度"，而不是线速度。所以，一艘时速25～30千米的普通轮船，在中纬度地区就能"追赶"上月亮。

作家马克·吐温在他的随笔中谈过这样一个现象：从纽约出发，在大西洋上向亚速尔群岛航行时，一路上总是晴空万里，晚上的天气甚至比白天还要好。

日常生活中，我们也会看到这样的现象：每个夜晚，月亮都在同样的时间

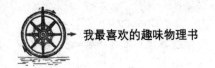
出现在天空中的同一个位置。最初我们不能理解，但后来我们知道了，我们在经度上以每小时跨越 20 分的速度向东行驶，这一速度刚好是地球和月球同步的速度。

千分之一秒

对于人类来说，能够感知的最小计时单位恐怕就是"秒"了。但是，还有比"秒"更小的计时单位，比如"千分之一秒"。很多人可能觉得它跟零差不多，但在实际生活中，这么微小的计时单位，却有着广泛的用途。在无法获得精确时间的时代，人们都是靠太阳的高度或阴影的长短来估算时间，根本不可能精确到分钟，更别说精确到"秒"了。

那时候，人们想象不出来一分钟是

图3 18世纪以前，人们依据太阳的高度或影子的长度来判断时间

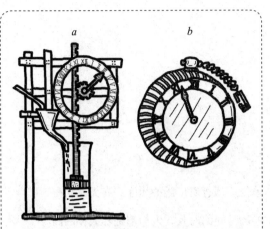

图4　古代人用的沙漏计时器和怀表，均没有分钟的刻度显示

什么概念，也不需要知道，因为他们的日子过得很悠闲，所能用的计时工具就是日晷、滴漏、沙漏等，根本没有"分钟"的刻度。直到18世纪初，计时工具才出现指示"分钟"的指针，大约100年后，也就是19世纪初，秒针才诞生。

那么，在千分之一秒的时间里，我们能做什么？可以做很多事！在这点时间里，火车可以前进3厘米左右，声音可以传播33厘米，飞机可以飞出半米远。对于地球来说，它可以围绕着太阳走30米，而光则可以传播300千米。

自然界中生活着许多微小的生物，如果它们也有思想，肯定不会跟我们一样，对千分之一秒抱着"无所谓"的态度。这点时间，昆虫是完全可以感觉到的。蚊子的翅膀每秒钟可以上下拍动500～600次，也就是说，在千分之一秒的时间里，蚊子来得及把翅膀抬起或放下。

人类当然不可能像昆虫那样快速移动自己的肢体。在人类器官的运动中，速度最快的恐怕就是眨眼了，也就是我们平时说的"一瞬间"。这个速度确实很快，快到我们根本察觉不到自己眨眼了，也很少有人会思考这个速度到底有多快。但是，如果用千分之一秒作为计时单位的话，眨眼的速度还是相当慢的。根据精确的测量结果，一次完整的"眨眼"时间平均为0.4秒，也就是千分之一秒的400倍。一次眨眼的动作可分解为以下几个步骤：上眼皮垂下（大约75～90个千分之一秒），上眼皮垂下后静止不动（130～170个千分之一秒），上眼皮抬起（大约170个千分之一秒）。由此可见，"一瞬间"实际上是一个很长的时间了，在这一时间里，眼皮甚至还可以得到短暂的休息。如果我们能感知到千分之一的时间，就能看到"一瞬间"的时间里，我们的眼皮完成了上下两次移动，也能看到在眼皮的两次移动间发生的景象。

如果我们的神经系统具备这样的构造，周围的世界将变得不可想象。这时，我们能看到英国作家威尔斯在短篇小说《新型加速剂》中所描绘的奇怪画面。在书中，作者是这样描述的：主人公无意间喝下了被称为"最新加速剂"的药酒，这种神奇的药酒可以让人的神经系统发生改变，看到速度极快的东西。

关于这一神奇的景象，我们可以从下面摘录的片段中感知一二：

"在此之前，你看到过窗帘这样挂在窗户前吗？"

我随着他的视线朝窗子望去，看到窗帘的下摆停滞在空中，像是被风吹起了一角而没有落下来。

"我从来没有看到过这样的景象，"我说，"好奇怪。"

"还有更奇怪的呢！"他一面说着，一面松开手中的玻璃杯。

我想，杯子肯定会被摔得粉碎，可是杯子却浮在了半空中。

"你肯定知道，"希伯恩说，"物体在自由下落的第一秒，落下的高度是5米，这只杯子下落的距离也是5米。但是你知道吗？现在只过了不到**百分之一秒**，从这件事上，你就知道'加速剂'的力量了吧！"

> 物体在做自由落体运动时，在第一个1秒的百分之一秒里，下落的高度并非是5米的百分之一，而是5米的万分之一，也就是0.5毫米；在第一个千分之一秒里，下落的高度只有0.005毫米。

杯子在缓慢地落下，希伯恩的手就那样在杯子的四周和上下方自由地旋转着。

我向窗外望去，有一个"静止不动"的骑自行车的人，在追赶着一辆同样"静止不动"的四轮马车，骑车人身后扬起一阵"凝固"的尘土。

我们的目光被一辆僵在那儿的马车吸引住了，马车的车轮、马蹄、鞭子，甚至正在打哈欠的车夫的下颚，所有这些，虽然很慢，但确实在运动，而这个笨重的马车上的其他东西却凝固在那里，马车上的人就像石雕一样坐在那里。一个乘客迎风折起报纸，就在那凝固着，

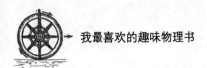

但对我们来说，根本就感觉不到有风。

从那时起，我所谈到的、想到的、做到的这一切，都是"加速剂"在我体内发挥作用的结果。这对于其他人和整个宇宙来说，却只是眨眼睛发生的事。

读者们一定很想知道，现代科学仪器能测量到的最短的时间段是多少？20世纪初的时候，人类就可以测量出万分之一秒的间隔。今天，物理学家们在实验室内，可以测量千亿分之一秒的时间。这是什么概念呢？它相当于1秒钟跟3000年的比值！

时间放大镜

　　威尔斯在写小说《新型加速剂》的时候，恐怕他自己也没有想到，这种事情会在现实中上映。不过，他还是很幸运的，至少这一天到来的时候，他依然健在，虽然只是通过电影银幕，但他还是亲眼看到了自己用想象力描绘出的景象。我们将其称为"时间放大镜"，就是通过银幕，把平时发生得很快的事情以慢动作的形式呈现出来。

　　"时间放大镜"，其实就是一部摄影机，但它和普通的摄影机不同。普通的摄影机每秒钟只能拍摄 24 张照片，而这种特殊的摄影机每秒钟能拍出大量的照片。如果把这部特殊的摄影机的相片用每秒 24 张的速度放映，我们看到的就是被拉长了的动作，也就是比正常速度慢很多倍的景象。对于这种情况，读者或许会在电影中经常看到。比如，运动员跳高的时候，我们能通过慢动作看到跳高的细节。现在，借助更复杂的科学仪器，我们还能将动作放得更慢，几乎和威尔斯小说里描绘的情景差不多了。

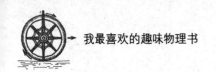
什么时候我们绕太阳运动得更快

巴黎的一份报纸，有一次刊登过这样一则广告：

> 每个人只要付 25 生丁（法国的一种旧式货币单位，100 生丁相当于 1 法郎），就可以实现一次经济实惠且非常舒适的旅行。

广告一经刊登，果然有人按要求寄去了 25 生丁。没过多久，寄出钱的人收到了回信，信中是这样说的：

> 先生，请记住并按照我说的做：我们的地球是在旋转着的，巴黎位于北纬 49 度，您安静地躺在床上，一昼夜就可以运行 2.5 万千米。当然了，如果您想看一下沿途的美好风景，请您拉开窗帘，尽情地欣赏窗外的星空吧！

刊登广告的人最终被以欺诈罪起诉到法院，他听完宣判并支付了所有的罚金后，戏剧般地站了起来，引用伽利略的话为自己辩解：

"可是，不管怎么说，它真真切切地走了那么远啊！"

从某种意义上来说，这位被告人确实没错。人生活在地球上，就是在不停地围绕着地轴"旅行"，还被地球带着以更快的速度围绕着太阳转动。每天，地球带着生活在它上面的所有生物，绕着地轴旋转，每秒钟行进 30 千米。

说到这儿，我们不禁要提出一个更有意思的问题：什么时候我们绕太阳运动得更快一些？是白天还是晚上呢？

这可能会让一些人感到困惑：如果地球的一面是白天，那么另一面就是夜晚。既然如此，那么上述的问题听起来似乎就没有什么意义了。从表面上看，

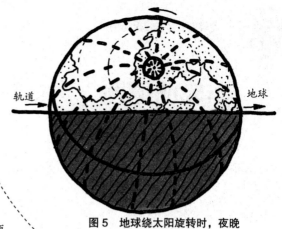

确实没什么意义，但实际上事情并不是这么简单的。

要知道，我们问的不是整个地球什么时候转得快一些，而是生活在地球上的居民，在什么时候运动的速度更快？在这样的前提下，这个问题就不再是没意义的了。在太阳系中，我们每天都在进行两项运动：绕着太阳公转，同时围绕地轴自转。两项运动叠加起来，结果就不尽相同了，还得看我们是位于地球白天的半球，还是晚上的半球。

轨道 **地球**

图 5　地球绕太阳旋转时，夜晚半球比白天半球的速度快

如图 5 所示，午夜的时候，地球自转的方向和公转前进的方向相同，两个速度要相加；到了正午的时候，地球自转的方向和公转前进的方向相反，实际速度就要用公转速度减去地球自转的速度。因此，在太阳系里，我们在午夜时的运动速度要比正午时的运动速度快。

在赤道上，每个点每秒钟运动 0.5 千米，这就是说，在赤道地带的物体，正午和午夜的运动速度每秒钟可以相差 1 千米。对于在纬度 60 度上的圣彼得堡居民来说，他们午夜时运动的速度比正午时运动的速度每秒要快 0.5 千米，速度差只有赤道地带的一半。这一点，只要学过几何的人，都能计算出来。

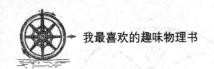

车轮的谜题

你可能也玩过这个游戏：把一张带颜色的纸片贴在自行车车轮的轮圈侧面，在自行车前进的时候，就能观察到一个奇妙的现象：当纸片转到车轮的最底端时，我们能清晰地看到纸片的移动；可当纸片转到车轮最顶端的时候，一闪就过去了，根本看不清楚纸片的移动。

这种现象会让我们觉得，车轮的上端好像比下端转动得快。如果你随便找一辆行进中的车子，从上下轮辐上看，也会发现车子的上轮辐几乎连成一片，而下轮福就可以一根一根地清楚看见。那么，车轮的上端真的比下端转得快吗？

现在，让我们揭开谜底。确实，滚动着的车轮上端比车轮的下端移动得更快一些。这个事实似乎令人难以置信，但只要简单地分析一下，就很容易理解了。

前面我们说过，在旋转着的物体上，每一个点的运动都是由两部分叠加而成的，车轮也是如此：一个是绕车轴旋转的运动，一个是跟车轴共同向前的运动。这就跟地球的运动如出一辙，我们在这里看到的也是两个运动的叠加，而运动叠加就导致车轮上端和下端的运动速度不同。在车轮的上端，车轮自身的旋转方向和车轴前进的方向相同，速度要相加；对车轮下端来说，两个运动方向相反，速度叠加的时候要相减，所以速度自然会慢。因此，在一旁处于静止状态的我们看来，车轮上端移动的速度就比下端要快。

为了证明上面的这个结论，我们不妨再做一个简单的实验，如图6：

在一辆车子的车轮旁边插一根木棍，这个木棍必须竖直地穿过车轮的轴心，然后用粉笔在车缘的最上端和最下

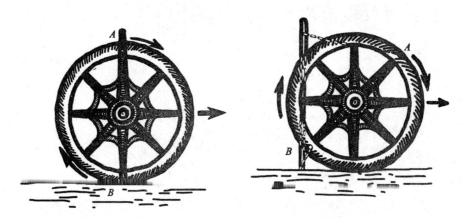

图 6　如何证明车轮上端比下端运动得快？

端分别做一个记号，标记成 *A* 和 *B*。这两个标记，应当是木棍通过车缘的位置。接着，慢慢地滚动车轮，让轮轴离开木棍 20~30 厘米，刚刚做出的两个标记，都移动了一定的距离。然而，*A* 移动的距离比较长，*B* 移动的距离却很短。

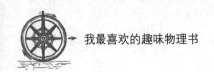

车轮上移动得最慢的部位

透过这个实验，我们可以得出一个结论：车子在行进的过程中，车轮上的所有点并不是以同样的速度在向前运动。那么，一个旋转着的车轮，哪个部位是移动得最慢的呢？

其实，不难猜测，运动得最慢的部分就是车轮前进时，它与地面接触的那一点。

说了这么多，我们得出的结论，都是针对向前移动的车轮而言的，如果是一个在静止转轴上旋转的车轮，就要另当别论了。比如，飞轮在运行的过程中，轮缘上下部分的点都是以同样的速度运动的。

这个问题可不是玩笑

我们再来看一个有意思的问题：一列火车以 A 地为出发点，向目标 B 地行驶。试问，在这列火车上，会不会存在这样一些点，它们在与铁轨的相对关系上，与火车运行的方向是相反的，也就是从 B 地向 A 地运动呢？

你可能会觉得，怎么可能有这样的事情呢？但实际上，在这列火车的每个车轮上，的确存在这样一些点，在某个瞬间跟火车行驶的方向相反。你肯定会好奇：这些点到底在哪儿呢？

我们都知道，火车的车轮边缘有一个凸出来的边，在火车向前行驶的时候，这个轮缘上凸出来的边，在运行的过程中，最底端的那一点是向后运动的。

是不是觉得挺奇怪？我们不妨通过一个实验来证实这个结论，如图 7：

先找一个小圆片，如一枚硬币或纽扣。

用蜡油把一根火柴沿着小圆片的半径粘在小圆片上，让很长一段火柴棍伸到小圆片的外面。

把小圆片放在直尺边上，从点 C 的位置，让圆片沿着尺子从右向

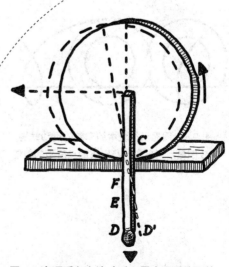

图 7　当硬币向左滚动时，露在硬币外面的火柴部分的 D、E、F 个点均向后移动

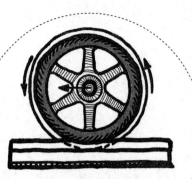

图 8 当火车车轮向前移动时，车轮
下部向后移动

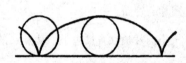

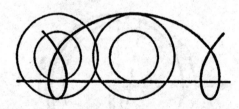

图 9 A 图显示行驶中的车轮的运动轨迹，
B 图显示火车车轮凸出来的点所画的轨迹

左滚动。

这时，你会看到，火柴上的 D、E、F 点非但没向前移动，反倒向后退了。火柴上距离圆片边缘越远的点，后退得越明显。

火车在向前行驶的时候，车轮凸出来的边缘的最下端，跟我们刚刚做的实验中火柴末端的情况如出一辙，都是向后移动的。现在，如果我再说向前行驶的火车上，有一些点在某一瞬间是向后退的，你不会再感到惊讶了吧？

当然，这个反方向的运动只会持续很短的时间，甚至不足一秒钟。但是，不管怎么说，这还是颠覆了我们以往的认知，让我们不得不承认，在前进中的火车上确实可以观察到反方向的运动。

小船是从哪儿驶来的

我们先来做一个假设，如图10，有一只舢板在湖上行驶，我们用箭头 A 表示舢板的行驶方向和速度。在舢板的垂直方向有一艘帆船，我们用箭头 B 来表示帆船的行驶方向。如果我问你，这艘帆船是从哪儿起航的，你肯定能够马上指出岸上的某个点，可如果你坐在舢板上，你指出的可能就是另外的一个点了。你知道，这是为什么吗？

当你坐在舢板上，你看到帆船的前进方向，跟你的前进方向并不是垂直的。坐在舢板上，你会感觉自己是静止不动的，周围的一切对你而言也是在以一定的速度朝着反方向移动。所以，对于舢板上的你来说，帆船不仅仅是沿着箭头 B 的方向运动，它还沿着跟舢板行驶方向相反的虚线箭头 A′ 的方向移动。这就是说，帆船行驶的方向是两个运动的组合，一个是实际运动；另一个是视运动，

按照平行四边形法则叠加，这两个运动合起来的运动，就会让舢板上的你感觉帆船在沿着 A 和 B 组成的平行四边形的对角线方向运动。正因为如此，在舢板上的你就会认为帆船根本不是从岸上的 M 点出发的，而是从另外的一个 N 点出发的。

当我们沿着地球公转的轨道运动，在遇到星体的光线时，我们会跟舢板上的乘客一样，根据自己看到的星体发出的光亮来判断它们的位置。我们感觉到的星体位置，总是比它们的实际位置沿地球运动方向稍微往前一点。当然，地球的运行速度比起光速真是太微不足道了，只有它的万分之一。实际上，星体的视位移很小，但是通过天文仪器，我们还是可以观测到的。这种现象被称为光行差。

如果前面的这些问题引发了你强烈

图 10　帆船沿舢板的垂直方向行驶，A、B 两箭头分别表示两船的行驶方向和速度。
　　　　在舢板上的人看来，帆船是从哪儿出发的？

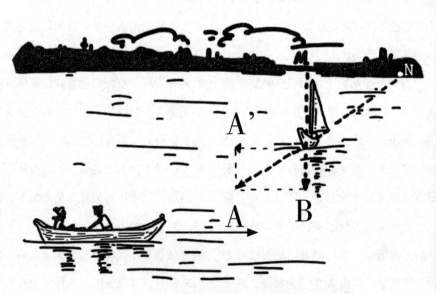

图 11 在舢板上的人看来，帆船并未沿着 M 点的方向垂直行驶，
　　　　而是从 N 点出发倾斜行驶的

的兴趣，那么你可以试着回答下面的问题：

作为帆船上的乘客，你认为舢板在朝什么方向行驶？

作为帆船上的乘客，你觉得舢板要驶向哪里呢？

如图 11，要回答这两个问题，你需要在 A 线上为速度画出一个平行四边形。这个平行四边形对角线所指的方向，就是帆船乘客所认为的小舢板的行驶方向。对于帆船上的乘客来说，小舢板是斜着往前走的，就像是要立刻靠岸一样。

Chapter2

重力・重量・杠杆・压力

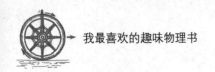

请站起来

如果我说："这里有一把椅子，不用绳子把你捆在椅子上，你也无法站起来。"你是不是认为，我在说疯话？

好吧，现在就请你按照图12所示那样坐好：上身挺直，两只脚放平，不要伸到椅子下面去。现在，请保持身体挺直，不得前倾，双脚也不能移动，试着站起来，看能不能做到？

怎么样？是不是根本站不起来？只要不把双脚移动到椅子下面，或是把身体向前倾，不管你用多大的力气，也不可能从椅子上站起来。

这是怎么回事呢？首先，我们要弄清楚一个问题，即物体和人体如何保持平衡。

一个物体想要保持平衡，必须满足一个条件：从这个物体的重心向下引垂线，垂线不得超过物体的底面。唯有如此，物体才能保持平衡。

图12　以这样的姿势坐在椅子上，人
　　　　无法站起来

如图 13 所示，图中的斜圆柱体就没有办法保持平衡，但如果圆柱体的底面足够宽，从它的重心引出的垂线能落在底面之内，那这个圆柱体就能保持平衡而不倒下。

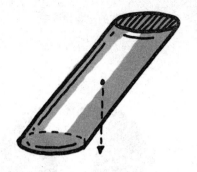

图 13　圆柱体会倒下，是因为从它的重心引出的垂直线超过了它的底面

著名的比萨斜塔和阿尔汉格尔斯克的"危楼"，虽然都是倾斜的，却都没有倒下。其中的道理是相同的，这些建筑重心引出的垂直线都没有越过其基座。当然，还有一个重要的原因，就是这些建筑物的地基是深埋在地下的。

一个站着的人想要不跌倒，也得满足下面的条件：从他的重心引出的垂直线，要位于其双脚外缘所圈出的那块面积之内。所以，用一只脚站立是有些难度的，而站在钢丝上就更困难了，因为这时的支撑面特别小，从重心引出的垂直线很容易超过支撑面。

图 14　坐落在阿尔汉格尔斯克的"斜钟楼"

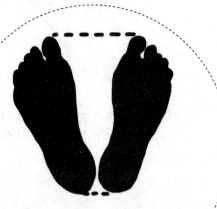

图15 人站立时，重心引出的垂线始终要在两只脚的外缘所形成的范围内

说到这里，你可以想象一下那些有经验的水手们走路时的姿态。他们几乎一辈子都生活在摇摆的船上，为了保持平衡，必须始终保证从重心引出的垂线落在双脚之间的底面上，因此他们就要刻意地放大双脚之间的距离。时间长了，习惯成自然，即便上了陆地，他们依然保持着在船上的走路姿势。

当然，保持这种平衡，也能给我们带来美好的享受。

你大概也看过，有些少数民族喜欢把重物顶在头顶上走路，而他们的走路姿势非常优美。有一幅名画的内容就是：一个女人头顶着一把水壶，姿态优美。把重物顶在头上时，我们不得不始终让头部和上半身保持笔直，以保证从重心引出的垂线在底面范围内。不然的话，就很可能会跌倒。这时候人的重心比较高，不太容易保持平衡。

现在，让我们再次回到那个从椅子上站起来的实验中。通常，一个人坐下后的重心位置在靠近脊柱的地方，比肚脐高出大约20厘米。从这个点垂直向下引一条直线，你会看到，这条直线肯定会穿过椅子，落在双脚的后面。人想要站起来，这条线就必须在两脚之间的区域。

因此，想要站起来，我们可以采取两种方式：第一种就是身体前倾，第二种就是双脚后移。这两种方式的目的都是将身体重心引出的垂线落在两脚之间的区域内。生活中，我们都是这样做的，不然的话，根本没办法从椅子上站起来。

行走与奔跑

对于每天都要重复多次的动作，我们自认为再了解不过，但真的是这样吗？举个最简单的例子，行走和奔跑是我们最熟悉的两种运动，现在我问你：对于走路和跑步，你了解多少？你知道我们走路和奔跑时是如何移动身体的吗？这两种运动有什么不同？是不是觉得没那么容易回答？相信很多人都没有思考过这些问题。现在，我们不妨听听生物学家是如何解释这两种运动的。

假设一个人单脚站立，且用的是右脚。想象一下，他抬起脚跟，同时躯干向前倾斜。此时，他脱离了支撑点，行走的时候，除了体重之外，每向前迈一步，都相当于在支撑点上增加了 20 千克的重量。这就是说，人的走路的时候，对地面的压力比站立的时候大。

在这样的姿势下，从人体重心引出

的垂直线肯定要超过支撑面的范围，此时人就会向前倒。但就在即将跌倒的那一刻，原本停在空中的左脚突然移动到前面，落在了重心垂直线前面的地上，从而保证了重心垂直线落在两个支撑脚重新圈出的范围内。这样一来，身体恢复了平衡，人也就向前迈了一步。

当然，这个人可以继续保持这种乏味的姿势，但如果他还想继续前进，就得再次把身体向前倾，让自己的重心越过双脚圈出的地面，并且在要向前跌倒的那一刻重新迈出另一只脚，也就是他的右脚。完成这个动作后，他又向前迈了一步。不断地重复这些动作，这个人就一步步地前进了。可以说，走路就是一个接一个的身体前倾，并及时跟上另一只脚来保持身体平衡的动作。

人在走路时，两只脚的动作如图 17 所示。上面的线段 A 代表其中一只脚，下面的线段 B 则代表另一只脚。直线代表脚和底面的接触时间，弧线代表脚离开地面的移动时间。不难看出，在时间 a 里，两脚同时站在地上；在时间 b 里，脚 A 在空中，脚 B 在地上；在时间 c 里，两脚同时站在地上……

我们可以再深入探讨一下：在迈出第一步时，倘若右脚尚未离开地面，左脚落在了前面的地面上，如果前进的步幅比较大，右脚的脚跟势必就得抬起来。如果不这样做，身体就不能前倾，也就没办法破坏之前的身体平衡。前进的时候，左脚也是脚跟先落地。紧接着，左脚的整个脚底落地，右脚离开底面，右腿变成弯曲状态，随后向前移动。这个时候，大腿骨三头肌收缩，左腿在这一刻由原来的弯曲状态变成竖直状态。随着身体的前进，在迈出第二步时，右脚跟落下。这样，半弯曲的右脚就能向前运动，不至于接触地面，并随着身体向前，刚好在左脚准备迈出下一步之前落在地面上。然后，左脚也是脚跟先抬起来，而后整个脚离开地面，如同右脚一样，重复前面的动作。

跑步和步行不太一样，人本来是站在地面上的，跑步时借助肌肉的突然收缩，向前强力地弹出，整个身体在一瞬间全部离开地面，抛向前进的方向。紧接着，身体落在前面的地上，用另一只脚支撑整个身体，后面那只脚迅速地迈到前方。所以，跑步就是从一只脚到另一只脚的一连串的跳跃。

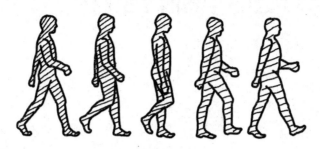

图 16　人走路时的连续动作

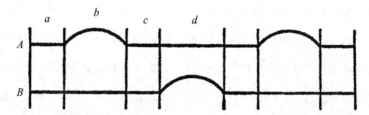

图 17　人在走路时两脚的连续动作，A、B分别代表两只脚的运动轨迹

图 18　人在跑步时两脚的连续动作，A、B分别代表两只脚的运动轨迹

图 19　人在跑步时两脚的连续动作图解，b、d、f点是双脚悬空的时刻

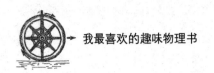

如何从行进的车厢中跳下来

如果想从一辆行进中的火车上跳下来，到底朝哪个方向跳是最安全的呢？听到这个问题，恐怕绝大多数人都会依据经验回答说："当然是车向哪儿开，就往哪个方向跳，这是惯性定律。"真的是这样吗？如果我们用惯性原理去解释的话，列车往前开，人的惯性也是向前的，要从车厢中跳下来，就应该向列车的反方向跳，即向后跳。这样的话，落地的速度就会慢一些，也相对安全一些。若是如此，那上面的答案就是错的了。

在这种情况下，惯性的作用充其量就是一个配角，真正的主角是另外的一个因素，那就是人的行走动作和自我保护能力。倘若我们把这个因素忽略掉了，就会认为应当向后跳，而不是向前跳。

下面，我们来做一个假设：你遇到了紧急情况，必须从一辆正在行驶中的车子上跳下来，那么向前跳和向后跳，分别会出现什么样的情景呢？

依照惯性定律，如果我们从行进的车厢中跳出来，我们的身体与车厢分离的时候，依然保持跟列车一样的运动速度向前运行。这时，如果我们向前跳，那么人的速度就是惯性的速度和跳跃的速度的叠加，显然要超过车子的速度。

如果我们向后跳，人的速度就是跳跃的速度减去惯性的速度，就会慢一些。考虑到安全问题，人的速度越慢，落地的冲击力就越小，也就不容易受伤。

按照上述分析，很容易就能得出结论：为了安全落地，并且不跟地面发生强烈的冲撞，向后跳是比较明智的。可事实上，几乎所有人在不得不选择跳车的时候，毫无例外都是向前跳的。无数次的实践证明，向前跳的速度虽然快，但却更安全。在此，我们要奉劝各位读者，遇到危急情况不得不跳车时，一定要向前跳，往后跳的落地速度虽然慢，可人的身体却很别扭，反而更容易受伤。

那么，这到底是怎么一回事呢？

原因就在于，前面关于跳车的论述是不完整的。跳车的那一刻，无论是向前还是向后，都存在跌倒的危险，因为脚落到地面后会停止运动，而我们身体的上半部分却还在向前运动。

既然都有跌倒的危险，那么究竟哪一种危险更小呢？答案还是向前跳。

当我们向前跳时，虽然身体的运动速度比向后跳时要快，但我们会习惯性地把一只脚伸向前方（倘若车厢的运动速度比较快，我们还能向前跑好几步），这样就可以避免跌倒。我们从小到大都是这样走路的，已经习惯了这个动作。前面的一节中，我们已经了解到，从力学的角度分析，行走的实质就是由"一连串的身体前倾和及时地迈脚来避免跌倒"动作组成的。如果我们从车上向后跳，脚就无法做出迈步的动作，这样一来，就加大了跌倒的危险性。最后，还

要强调一点，就算我们向前跌倒了，还能伸出手来支撑一下，可若是向后跳车摔倒的话，后背着地，伤得肯定更重。

现在我们就清楚了，选择从哪个方向跳车，不能单纯考虑惯性因素，还要考虑人类自身的行为习惯和自我保护意识。当然，对于没有生命的物体来说，这个原则就不适用了，惯性就成了决定性因素。如果你出于某种原因不得不带着行李从车厢中跳下，那要记得先把行李向后扔下去，自己再向前跳出来。

对于没有跳车经验的人来说，向前跳是最好的选择，因为需要跳车的情形不常遇到。可是，对于火车乘务员和公交车检票员来说，他们由于工作原因跳车的经验相对丰富，但他们跳车的方法却不尽相同。他们通常是这样跳的：面对着车子前进的方向向后跳，这样跳车有两个好处：第一，减少了身体由于惯性所获得的速度；第二，避免仰面摔倒的危险，就算摔倒的话，跳车人多半也是趴着的。

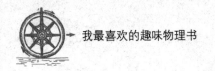

用手抓住一颗子弹

报纸上曾经刊登过这样一则报道：

战争时期，一位法国飞行员竟然用手抓住了一颗子弹！详细的情形是这样的：当时，这名飞行员正在 2000 米高的空中飞行，忽然发现在距离自己脸很近的地方有一个小东西在移动，他以为是一只小昆虫，就伸手把它抓在了手里，整个过程很轻松。当他低头一看，天哪，太不可思议了，居然是一颗德军的子弹！

这似乎跟传说中敏豪森男爵用双手抓住炮弹的事迹有惊人的相似之处，这是真的吗？事实上，如果用物理学原理来解释的话，在一定的条件下，

这位飞行员是完全有可能用手抓住一颗子弹的。

我们都知道，子弹的速度非常快，刚射出时可达到每秒钟 800～900 米，凭借肉眼几乎看到不到它的轨迹。但空气是有阻力的，子弹在空气中飞行时，会因为空气的阻力而降低飞行的速度，飞到最后的时候，它的速度大约只有每秒钟 40 米。此时，如果飞行员的飞行速度也在每秒 40 米左右，那么对于飞行员来说，这颗子弹可能是完全静止或缓慢移动的，用手抓住它根本不是什么难事。更何况，飞行员通常都戴着厚厚的手套，根本感觉不到子弹在飞行过程中产生的高温。

西瓜炮弹

虽然在特定的条件下，用于抓住一颗子弹可以毫无危险，但我们不能因此忽略存在与之相反的情形：在一定的条件下，某些看似毫无危险性的东西，比如一个西瓜、一个苹果或一颗鸡蛋，也可能造成毁灭性的伤害。

1924 年，圣彼得堡举办了一场汽车拉力赛，附近的农民为了向身边飞驰而过的汽车表示欢迎，就向汽车投掷西瓜、香瓜、苹果等。原本，这都是些友善的礼物，没想到却造成了悲剧：这些西瓜和香瓜把车身砸瘪，甚至导致了翻车；有的砸中了司机和乘客，导致其重伤，场面很惨烈。

为什么这些友好的礼物会变成危险的"武器"呢？原因很简单，这涉及物理学中的动能。参赛汽车自身的速度加上水果的速度，产生了破坏力极大的动能。我们可以通过公式计算出这个动能的大小：一个 4 千克重的西瓜，扔向一辆以时速 120 千米飞驰的汽车，所具备的动能和一颗仅有 10 克重的子弹所具备的动能相差无几。在这种条件下，西瓜会伤人也就不足为奇了。当然，西瓜的硬度远不及子弹，所以在上面的情形中，西瓜不会有子弹那样的穿透力，否则的话就成了真的"炮弹"了。

图 20　投向飞驰的汽车的西瓜会成为危险的"炮弹"

随着科学技术的发展，飞机已经能进入大气层的上层进行高速飞行，飞行速度已经可以达到每小时 3000 千米，与刚射出的子弹的速度相差无几。飞机的速度如此之快，就更要当心前面我们说的"西瓜炮弹"一样的危险品。不管是什么东西，哪怕是一只小鸟，如果撞到高速飞行的飞机上，都会变成毁灭性的炮弹。倘若从对面一架飞机上掉落几颗子弹，即便不是落在这架飞机的正面，其危险性也跟用机关枪对着飞机扫射差不多。

假设子弹跟飞机以同样的速度同向飞行，这颗子弹对于飞行员来说就没有任何危险。换句话说，如果两个物体以相差不多的速度朝着相同的方向运动，两者接触的时候就不会产生严重的碰撞。1935 年，有一位聪明的火车司机，就是利用这个原理，驾驶火车成功截住了另外一列火车，从而避免了一场严重的事故。

让我们回顾一下当时的情景：这位聪明的火车司机正驾驶着一列火车正常运行，此时他并不知道前方还行驶着另外一辆火车。前面的火车蒸汽不足，司机就把火车停了下来，还把后面的 30 节车厢摘下，暂时留在铁轨上，只开走了火车头和前面的几节车厢。由于这些车厢的底下没有放置垫木，因此车厢就沿着斜坡以每小时 15 千米的速度滑了下来，眼看就要跟聪明司机的火车撞上了。在如此危急的时刻，聪明的司机立刻把自己的火车停下来，开始倒车，并把倒车的速度调整到和滑行车厢的速度差不多，这时他的火车和那 30 节滑行的车厢相对速度就比较小了。就这样，聪明的司机截住了那 30 节失控的车厢，没有造成人员伤亡和物品损失。

物体在什么地方会更重一些

我们都知道，地球上的每一个物体都受到地心引力的作用，地心引力会随着物体距离地面高度的增加而减少。比如，把一个 1 千克重的砝码拿到离地面6400 千米的高度，也就是让砝码到地心的距离是地球半径的 2 倍，此时地球的引力就会减弱到 1/4。如果用弹簧秤来给这个砝码称重，它的重量显示是 250克，而不是 1 千克。根据万有引力定律，在计算地球和物体之间的万有引力时，可以将地球视为一个全部质量都集中在地心的质点，万有引力的大小和物体与地心距离的平方成反比。以上述例子来说，砝码离地心的距离是地球半径的 2倍时，地球引力减弱到 1/4，如果把砝码拿到离地球表面 12800 千米的高度，离地心的距离是地球半径的 3 倍，此时万有引力会减弱到原来的 1/9，在这个高度下给砝码称重，重量只有 111 克。

这是不是意味着，物体离地心越近，受到的引力就越大呢？我们还以砝码为例，按照上述的说法，砝码在地下越深，它的重量就越重。可惜，这个推论是错的。事实恰恰相反，物体在地下越深，它的重量没有变大，而是变小了。这到底是怎么回事呢？

在这种情况下，地球的引力粒子已经不再是分布在物体的一侧，而是把物体包裹在其中，如图 22 所示。我们看到，在地面以下的砝码，受到两个力的作用，一个是砝码下方的引力粒子对它的吸引，还有一个是砝码上方的引力粒子的吸引。

需要注意的是，对于地面以下的物体来说，真正作用在它身上的吸引力，只有物体下面的球体，这个球体的半径就是此物体和地心之间的距离。物体离地心越近，重量就减少得越快。如果物

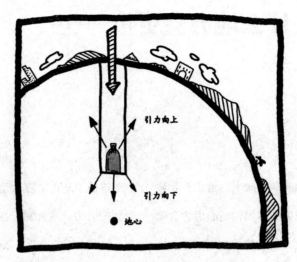

图22 在地面以下，砝码的受力分析图示

体的深度达到了地心，重量就会完全消失，成为一个失重的物体，因为它四周的地球微粒对其产生的引力是完全相等的。

可以这样说，物体在地面上的重量是最大的，在高空或地下，重量都会减小。当然，这里有一个前提条件——假定地球的密度是相等的，不过，实际情况并非如此，越靠近地心的地方，密度越大，所以物体在深入地下时，一开始重量会增加，到了一定数值后才会减少。

物体在下落时有多重

坐电梯的时候，你有没有过这样的感受？电梯在下落那一刻，会产生一种轻飘飘的感觉，就好像要跌进深渊一样，身体也好像变轻了许多。这就是失重的感觉。

电梯开始下降的那一刻，脚下的地板已经开始降落，而我们的身体还没有立刻产生与电梯同样的速度，此时身体几乎没有对地板施加任何压力，所以如果此时称重，体重就会变小很多。可在片刻之后，由于人在做自由落体运动，电梯是匀速下降的，所以人很快与电梯同步，对地板的压力恢复正常，体重也就"失而复得"了。此时，就不会再有那种可怕的感觉了。

我们可以做一个简单的实验：找一只弹簧秤，在其下端悬挂一个砝码，然后拿着弹簧秤和砝码迅速向下移动。这时，注意观察弹簧秤的指针朝什么方向

移动（为了方便起见，可将一个小木块嵌入弹簧秤的缝隙里，观察小木块的位置变化）。你会发现，在弹簧秤落下的时候，指针所指示的并不是砝码的实际重量，而会比实际重量小得多。如果松开手，让弹簧秤和砝码自由落下，你就发现，在它们做自由落体运动的过程中完全没有重量，指针始终位于弹簧秤的 0 刻度上。

通过前面的分析，我们不难理解，哪怕是非常重的东西，在自由下落的时候，重量也会变为零。可能有人会问，"重量"到底是什么呢？其实，物体的重量就是它对悬挂点的拉力，或者对支撑点的压力。物体在自由下落的时候，对弹簧秤没有任何拉力，因为弹簧秤跟物体一起下落，既没有拉着任何东西，也没有压着任何东西。

早在 17 世纪时，力学理论的奠基

者伽利略就曾说过："我们能感受到肩上物体的重量,那是因为我们让它压到了肩上而不让它落下。如果让这个物体跟我们一起下落,我们就不会感觉到它的压力了。这就如同我们拿着一根长矛,想要追杀一个人,可那个人的速度跟我们一样,我们永远也杀不死他。当然,前提是长矛始终攥在手里,没有抛出去。"

我们不妨通过一个小实验来证明上述论断的正确性,如图23所示。把核桃钳子放在天平的一侧,让核桃钳子的一头静止在盘面上,另一头用细线悬挂在天平臂杆的挂钩上。在天平的另外一个秤盘上放砝码,让天平保持平衡。接着,点燃一根火柴,把细线烧断,核桃钳子原来挂在挂钩上的一端就会落到秤盘上。

那么,在这一瞬间,天平会发生什么样的变化呢?在核桃钳子落下的过程中,左边的秤盘是上升、下沉,还是保持平衡呢?

前面我们说过,自由落下的物体是没有重量的,所以你应该能够猜到答案:放钳子这一侧的秤盘会瞬间向上升起!因为,用线挂着的那一只腿,虽然和另一只腿连着,可在下落的一瞬间,与它静止不动的时候相比,对托盘上的那只腿产生的压力会变小。核桃钳子的重量在这一瞬间减少了,这边的秤盘当然就会翘起来,这就是著名的罗森堡实验。

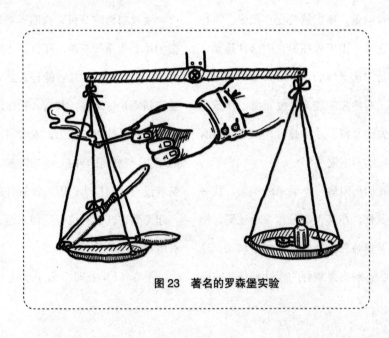

图23 著名的罗森堡实验

炮弹奔月记

1865~1870 年，儒勒·几尔纳在法国出版了科幻小说《炮弹奔月记》，这个小说描述了一个非凡的情节：把一个活人用炮弹发射到月球上。作者把这一设想描绘得很逼真，以至于大部分读者都开始幻想：这个设想能不能变成现实？

这确实是一个有意思的问题。从理论上讲，我们发射一颗炮弹，能不能让它一直向前飞，而不是飞行一段时间后落回到地球上？答案是肯定的。炮弹若是水平射出，就会落在地球上，这是因为地球引力的存在，使得炮弹无法一直沿着直线飞行，飞行路线会向下弯曲。炮弹飞行的路线比地球表面弯曲的程度大很多，所以炮弹终究要落到地球上。如果可以减少炮弹轨迹的曲度，让它和地球表面的曲度一致，那这个炮弹就永远不会掉在地面上，而是会沿着地球的

同心圆曲线运行，那样的话，它就成了地球的卫星，变成第二个月球了。

但是，有一个问题：如何能让发射出去的炮弹沿着比地球表面弯曲度更小的曲线飞行呢？很简单，只要炮弹飞行的速度足够大就可以，如图24所示。

我们把炮弹放在山峰上的 A 点。若不考虑地球引力，将炮弹水平方向射出，飞行 1 秒钟后，应当抵达 B 点。但因为有地球引力的存在，炮弹飞行 1 秒钟后，抵达的不是 B 点，而是 C 点，C 点在 B 点下方 5 米。我们之前分析过，自由下落的物体，在第

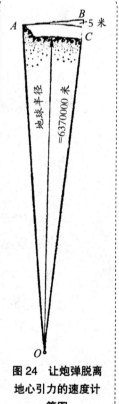

图24 让炮弹脱离地心引力的速度计算图

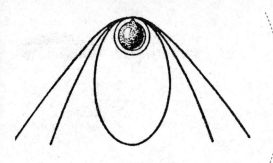

图25　如果飞行速度达到每秒钟11.2千米，
炮弹的飞行轨迹将不再封闭

1秒内下落的距离刚好是5米。我们不妨做一个假设：A点到地球的距离和C点到地球的距离相等，也就是说，炮弹在这1秒的时间内，沿着地球的同心圆飞行。从图中可以看出，如果我们计算出AB的长度，就能得出炮弹在1秒的时间里飞行的距离。这样，我们就能算出炮弹应当保持多大的飞行速度，才能保证不落到地球上来。

这个计算并不难，由三角形AOB可知：在这个三角形中，OA是地球的半径，约为6370000米，$OC=OA$，$BC=5$，由此可得出，$OB=6370005$米。根据勾股定理计算可知：$AB^2=6370005^2-6370000^2$。

因此，AB的长度约为8千米。

如果我们不考虑空气的阻力，只要炮弹的飞行速度达到每秒8千米，它在飞行的时候就永远不会落下来，而是会像一颗卫星一样，永远围绕着地球旋转。

设想一下：如果炮弹的飞行速度超过每秒8千米，会发生什么样的情况呢？有人计算过，如果发射速度达到每秒9千米，甚至每秒10千米，炮弹的飞行轨迹就是一个椭圆。炮弹射出的初速度越大，椭圆的长轴越长。当发射速度达到每秒11.2千米时，炮弹将不再沿椭圆轨道飞行，而是沿着一种非闭合曲线，也就是抛物线的轨迹飞行，永远离开地球，如图25所示。

通过前面的分析，我们可以知道：理论上，炮弹的速度足够大，乘坐炮弹去月球旅行，根本不是什么难事。但在这里，我们假设了空气阻力不存在。可在实际情况下，空气阻力的存在大大增加了获得这种高速度的困难，甚至根本无法达到这么高的速度。

凡尔纳笔下的月球之旅

前面我们提到了儒勒·凡尔纳的《炮弹奔月记》，小说里描绘的有趣情节简直就像童话：炮弹飞行到地球和月球的引力相同的地方，所有的东西都会失去重量，人会从炮弹里跳出来，悬在空中，不需要任何支撑。这里的描述是完全正确的，只是有一点需要注意：在炮弹飞行的过程中，炮弹里的人和所有物体一直都处于失重的状态，这一点很容易证明。

乍一听似乎难以置信，可仔细想想，你可能就会想：为什么这么大的疏忽，自己以前没有发现呢？如果你还记得小说里的内容，那么这个情节你肯定不会忘记：

炮弹里的乘客把一只狗的尸体扔到炮弹外面，尸体并没有落向地面，而是继续和炮弹同向飞行，乘客都惊呆了。

作者描述的这一场景没有问题。我们知道，在真空的环境里，由于地球引力的作用，使得所有物体下落的速度或加速度都相同。更准确地说，他们在炮弹射出时获得的速度，在地球引力的作用下逐渐减少，但减少的速率应当是完全一样的。所以，炮弹和狗的尸体，在飞行轨迹上的每一点都保持着相同的速度。那就是说，从炮弹里扔出去的尸体，会随着炮弹飞行的方向，以同样的速度跟着炮弹飞行，不会落后。

显然，作者忽略了一个细节：狗的尸体从炮弹里扔出后，没有落到地面上，可为什么在炮弹里面却下落了呢？无论是在炮弹里面还是外面，它受到的作用力都是相等的。所以，尸体在炮弹里应当悬浮在空中，而不是下落。因为它的速度和炮弹相同，如果以炮弹作为参照物的话，那它应该是静止的。

如果这一原理适用于狗的尸体，那么对于乘客的身体和炮弹内的所有物体而言，它同样也适用。在整个飞行的过程中，所有物体的速度都相同，就算没有东西支撑，它们也不会浮起和落下。如果有一把椅子倒放在炮弹的顶部，它同样不会下落，因为它和炮弹的速度相同。乘客们可以头朝下坐在这把椅子上，而不会掉下来，因为没有力量可以使它下落。反过来思考一下：如果人从上面落下来，说明炮弹的速度比人的速度快，否则人就不会下落。但这是不可能的，炮弹和它里面的物体都具有相同的速度。

作者没有注意到这一点，他想象炮弹里的所有物体虽然跟炮弹一起飞行，但依然需要一个支撑，就像炮弹没有飞行时一样。他忽略了一件事，物体之所以对支撑点有压力，是因为支撑点保持静止。或者说，就算支撑物在移动，但二者的移动速度不同。倘若二者的速度相同，压力也就不存在了。

这就是说，从炮弹动力关闭的那一刻起，炮弹里的人就不再具有重量了，他们可以自由地悬浮在炮弹的空间内，炮弹里的其他物体也是一样。据此，炮弹里的人可以判断，自己是跟随炮弹一起飞行还是待在炮膛里一动不动。可是，

在作者的笔下，炮弹飞行半小时后，人们依然在讨论这个问题，并不清楚自己是否已经在飞行。

"尼柯尔，我们在飞行吗？"

尼柯尔跟阿尔唐面面相觑，他们都没有感受到炮弹的变化。

"是啊，我们真的在飞吗？"阿尔唐重复地问道。

"我们不会还停在佛罗里达的地面上吧？或者，我们在墨西哥湾的海底下？"

如果是轮船上的乘客这样问，倒是情有可原，可对于炮弹里的乘客来说，提出这样的问题就没有意义了。因为，轮船上的乘客能感觉到自身的重量，而炮弹中的乘客却不可能感觉不到他们已经完全处于失重状态。

不得不说，在这部科幻小说中，作者忽略了很多细节。不然的话，这些细节可以成为非常棒的写作素材，通过飞行的炮弹，我们能够看到许多奇怪的现象。在这个不同的世界里，所有东西的重量都会消失，所有的东西一旦放手，就会停在刚刚放手的地方；无论在什么地方，都很容易找到平衡；哪怕是瓶子被打翻了，里面的水也不会流出来。

用不准的天平测出准确的重量

思考一下：准确称量最重要的因素是什么？是天平还是砝码？

如果你觉得同样重要，那就错了！只要砝码是对的，即便是用一架不准的天平，我们也能测量出正确的重量。很多方法都能实现这种情况，在这里我们仅介绍两种方法。

第一种：恒载量法

这是化学家门捷列夫提出的，称重的过程是这样的：先在天平的一个秤盘上放一个重物，什么东西都可以，只要比我们要称的物体重就行；然后，在另一个秤盘里放上砝码，让天平达到平衡；接下来，我们把被称物体放在砝码的那边秤盘上，然后开始取下砝码，直到天平重新恢复平衡。

很容易理解，刚刚拿下的那些砝码的重量，就是要称重的物体的重量。因为，拿下的那些砝码用要称重的物体替代了，

它们的重量是一样的。这种方法叫作"恒载量法"，在需要连续称重几个物体的时候，这个方法非常好用，可以不动原来的重物，便捷地称出要称量的物体的重量。

第二种：替换法

把要称重的物体放在天平的一端，在另一端慢慢放沙子，直到天平达到平衡。这时候，沙子不动，把另一端要称重的物体拿下来，开始放砝码，直至天平恢复平衡。砝码的重量，就是要称重的物体的重量，这种方法叫作替换法。

其实，除了不准的天平，不准的弹簧秤也可以准确测出物体的重量。方法是一样的，前提是得有一些准确的砝码。把要称重的物体放到弹簧秤上，记录此时的刻度，然后取下物体，往弹簧秤的秤盘上陆续加砝码，一直加到弹簧秤达到同样的刻度。此时，砝码的重量就是要称重的物体的重量。

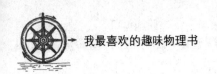

我们的力量到底有多大

你用一只手能提起多重的物体？假设是 10 千克的话，那是不是意味着，10 千克就代表了手臂肌肉的力量？如果你这样认为，那就错了。肌肉的力量要比这大得多。

你不妨观察一下，手臂上的肱二头肌是如何运动的，如图 26。肱二头肌位于前臂骨的支点处，当我们提东西的时候，是另一端在起作用，前臂骨的支点

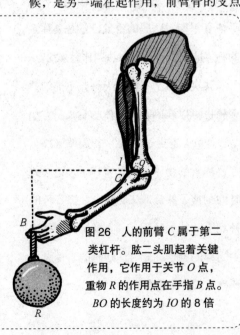

图 26　人的前臂 C 属于第二类杠杆。肱二头肌起着关键作用，它作用于关节 O 点，重物 R 的作用点在手指 B 点。BO 的长度约为 IO 的 8 倍

到这一段的距离是到二头肌距离的 8 倍。依据杠杆原理，如果提起 10 千克的物体，肱二头肌能拉起的重量将是 80 千克。所以，肌肉的拉力是手臂拉力的 8 倍。

前面的例子说明了一个事实，我们的力量比想象中要大得多，只不过我们从来没有思考过这个问题罢了。现在，你可能会想：手臂这样的身体结构合理吗？为什么那么多力量就平白无故地消失了？

回想一下力学中的那个古老的"黄金法则"：消耗掉的力量会以距离的形式表现出来。在上述的例子里，我们得到了速度，消耗的力量换来了我们双手的快速移动。对动物来说，它们身体内部的特殊构造保证了四肢的快速移动，从而获得了生存的技能。在自然界中，生存竞争力远比力量更重要，我们人类也是如此。倘若手臂和腿的构造不是这样的话，我们就会变成行动极其缓慢的动物。

为什么磨尖的物体更容易刺入

你有没有想过这个问题：为什么花费同样的力气，用一根缝衣针能轻松地穿透一块绒布或纸板，用钝头的钉子却很难做到？

确实，你用的力气是一样的，但是压强是不一样的。用针穿的时候，所有的力量都集中在了针尖上；用钉子穿的时候，同样的力量却分布在面积比较大的钉子末端。在作用力相同的条件下，针尖产生的压强远远大于钉子产生的压强。

再举一个例子，用一把 20 齿的钉耙松土，入土的深度要大于同样重量的 60 齿的钉耙。道理和前面的一样，20 齿的钉耙每个齿上产生的压强更大。

说到压力强度，我们必须考虑到力量的作用面积。同样的力量，作用在不同的面积上，产生的压力强度是不一样的。当我们在松软的雪地上行走的时候，如果用滑雪橇，就不会陷到雪里。这是因为，滑雪橇把对它的压力分散到了面积更大的地方。假设我们穿的鞋子的面积是滑雪橇的 1/20，那么滑雪橇作用到雪上的压强就是两脚单独站立时的 1/20，压强小了很多，所以我们站在滑雪橇上的时候，才不会那么容易陷进雪里去。

正因为如此，人会给在沼泽地里工作的马穿上特质的"靴子"，用来增大马蹄跟地面的接触面积，从而减小压强，防止马蹄陷入沼泽地。人在沼泽地里行走的时候，也会采取同样的办法。

在比较薄的冰面上，我们经常会用爬行的方式前进，这样做的目的也是增大身体跟冰面的接触面积。

大型坦克和履带式拖拉机的重量都很大，为了能在松软的土地上前进，所采用的方式也是将其重量分配到较大的支撑面积上。自重8吨或8吨以上的履带车，对每平方厘米地面的压力小于0.6千克。有的履带车甚至能在沼泽地里行驶。

说了这么多，我们知道了：尖锐的东西之所以容易刺入物体，是因为可以把力量集中到很小的面积上。同样的道理，锋利的刀子比钝刀子更容易把东西切开，这也是因为力量作用的面积小。

就像深海怪兽一样

坐在粗糙的椅子上，我们就感觉很不舒服，若是坐在光滑的椅子上，却一点都不感觉硬；躺在吊床或钢丝床上，我们会觉得很柔软，哪怕它是很硬的棕丝或钢丝编成的，这到底是为什么呢？

这个问题并不难。粗糙的椅子表面不平，坐在上面的时候，它跟身体的接触面只有很少的一部分，身体的重量全都压在很小的面积上；光滑的椅子表面是平的，与身体的接触面比较大，身体的重量没有变，但是分散到比较大的面积上了，所以压强就变小了。

现在，我们要思考一个问题：如何能让压力平均分配呢？

当我们躺在松软的床垫上，床垫凹下去的形状和身体的轮廓非常像。身体的重量平均分配到床垫上，每平方厘米的表面积上也就分配了几克的重量，所以我们躺下去会觉得很舒服。

曾经有人计算过，一个成年人的体表面积大约是 2 平方米，也就是 20000 平方厘米。假如我们的体重是 60 千克，躺在床上的时候，身体和床垫的接触面积是体表面积的 1/4，也就是 0.5 平方米。那么，通过计算可得出，每平方厘米面积上的重量只有 12 克。当我们躺在硬板上，身体和硬板的接触面积只有很少的一部分，这部分面积大约是 100 平方厘米，每平方厘米上的重量就是 600 克，是 12 克的 50 倍，差别相当明显。所以，我们的身体会感觉很不舒服。

只要把压力平均分到一个比较大的面积上，就算躺在很硬的床上，我们也不觉得硬。有这样一个实验：人先躺在柔软的黏土上，在黏土上印出身体的形状，然后起身，等黏土变干。在这里，我们假设黏土干燥后不收缩。当黏土干

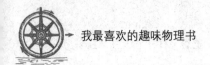

得像石头一样硬时，我们用身体做出的凹痕还会保留在上面。接着，我们再次躺上去，填满那个石头一样硬的凹痕。这时，我们会觉得很舒服，就像躺在柔软的鸭绒床垫上一样。

罗蒙诺索夫曾经写过一首诗，是关于深海怪兽的传说，其中有这样一段话：

躺在尖锐的岩石上，

可它丝毫感觉不到硬。

对于身形庞大的它来说，

就像是松软的泥土。

深海怪兽之所以感觉不到石头的坚硬，就是因为它巨大的体重被很大的接触面积平均分配了。

Chapter3

介质的阻力

子弹与空气

大家都知道，子弹在飞行的过程中，会受到空气阻力的影响，但很少有人思考过，这个阻力到底有多大？可能多数人都会觉得，空气如此轻薄，平常我们都感觉不到，它很难对高速飞行的子弹产生明显的影响。

事实上，空气对子弹的阻力是很大的，如图 27 所示。

图中的大弧线代表在真空条件下子弹的飞行路径，子弹刚一射出的时候，速度大约是 620 米／秒，发射仰角是 45°，在这种情况下，子弹飞行的高度是 10 千米，飞行的直线距离是 40 千米。可当有了空气阻力后，子弹的飞行轨迹就变成了 4 千米。图中的小弧线和大弧线相比，相差很多，这就是空气阻力作用的结果。倘若没有空气的话，子弹就能飞行 40 千米，高度可达 10 千米，在作战时打到远距离的敌人。

10 千米

4 千米　　　　　　40 千米

图 27　大弧线代表子弹在没有空气阻力时的飞行轨迹；
小弧线代表子弹在空气中的飞行轨迹

超远距离的射击

第一次世界大战即将结束之际，英法联军已经取得了制空权，但德国炮兵却利用一种特殊的炮击方式，把炮弹射到了距离前线100千米以外的法国首都巴黎。在此之前，从来没有人尝试过这种炮击方法，而德国炮兵也是在偶然的情况下发现这种方法的。

有一次，他们用大口径火炮以很大的仰角射击时，意外地发现，炮弹的射程超出了他们预计的20千米，而达到了40千米。他们研究后得出结论，只要炮弹的初速度够快，并且以大角度向上射出，让它飞到空气稀薄的高空大气层，减小其在空气层里飞行的阻力，炮弹就可以飞很长的距离才落到地面上，如图28所示，炮弹

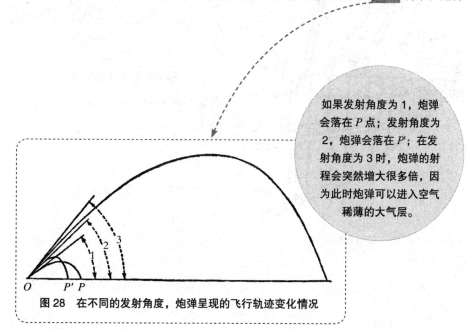

如果发射角度为1，炮弹会落在P点；发射角度为2，炮弹会落在P′；在发射角度为3时，炮弹的射程会突然增大很多倍，因为此时炮弹可以进入空气稀薄的大气层。

图28　在不同的发射角度，炮弹呈现的飞行轨迹变化情况

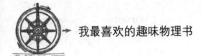

的发射角度不同，飞行轨迹就会有很大的差别。

德军的这一发现，为他们设计制造超远程打击火炮奠定了基础。后来，德军成功地制造出能够打击远在115千米以外的巴黎的火炮。据记载，1918年

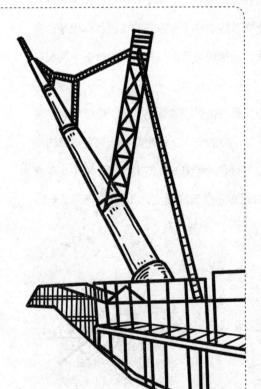

图29 超远程炮弹

夏天，德军向巴黎发射了300多颗这种炮弹。

我们不妨了解一下这种炮弹的构造，如图29：大炮全长34米，直径1米，炮筒底部管壁厚40厘米，整个大炮的重量为750吨。炮弹重量为120公斤，长度为1米，直径21厘米。炮弹可填装150公斤火药，产生的压力可达5000个大气压，发射的初速度可达2000米／秒，发射角度为52度，炮弹射出去后，飞行的轨迹是一个巨大的弧线，最高点在40千米处，远在平流层之上。炮弹从发射地点到巴黎的飞行时间是3分半钟，飞行期间有2分钟的时间都在平流层里。

这就是第一座远程炮的故事，它为现代超远射程火炮奠定了基础。

子弹或炮弹的初速度越大，受到的空气阻力就越大。然而，阻力的大小和初速度之间并不是简单的正比关系，而是跟速度的二次方或更高次方成正比，它们之间的比例关系跟初速度的大小有关。

纸风筝为什么能飞起来

不知道你有没有想过这个问题，放风筝的时候，明明是我们拉着风筝线往前跑，可风筝却往上飞？其实，这个原理就跟飞机在天上飞、枫树的种子随风传播、原始人用回旋镖如出一辙，它们都属于同一类现象，就是充分利用了空气阻力。

空气能给子弹和炮弹带来阻力，同样也能给纸风筝、飞机、枫树的种子等物体带来阻力，让它们在空中慢慢飘浮或飞行。下面，我们就结合图30，给大家讲述一下风筝的原理。

线段 NM 代表纸风筝的截面，当我们拉着风筝跑的时候，风筝会向前移动。纸风筝是有重量的，所以一开始它会斜着飞。我们不妨假设，风筝是从右向左倾斜，α 代表风筝平面与水平线之间的夹角。现在我们可以分析一下，风筝在这种状态时受到几个力的作用？

首先，空气会给风筝一个阻力，我们用箭头 OC 表示，空气阻力始终跟风筝的截面垂直，即 OC 垂直于 MN。OC 可分解为两个力：OD 和 OP。OD 将风筝向后推，降低风筝的初速度；OP 将风筝向上拉，减轻它的重量，如果这个力足够大，就能抵消风筝的重量并让它向上升。这就是我们拉着风筝往前跑而它却往上飞的原因。

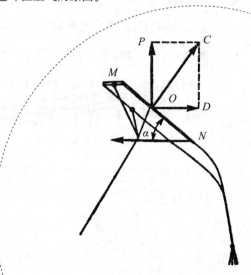

图30　纸风筝的作用力图示

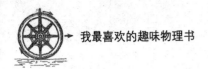
活的滑翔机

很多人都认为，飞机是模仿鸟类制造的，其实不然。准确地说，飞机更像是鼯鼠或飞鱼。不过，这些动物身上的飞膜不是为了飞得更高，而是为了跳得更远——用飞行员的术语说就是"滑翔降落"。对这些动物来说，图30中的 OP 不足以抵消它们的重量，只是减轻而已，帮助它们从高处做长距离的跳跃，如图31。

前面提到的鼯鼠，它能跳出 20 ～ 30 米的距离。在印度东部和锡兰等地，有一种体型巨大的鼯鼠，长得很像家猫。它的飞膜展开后，直径有半米多，借助这个飞膜，它能跳出 50 米的距离。菲律宾群岛上的一种鼯猴，跳跃距离甚至能达到 70 米。

图 31　会滑翔的鼯鼠能从高处跳出20~30 米的距离

植物没有发动机，却可以飞翔

很多植物把种子传播出去，也是利用了滑翔的原理。这些种子的形状很奇特，比如蒲公英和婆罗门参的种子，长有许多束绒毛，这些绒毛的作用类似降落伞。还有一些植物的果实和种子具有翼状的突起，比如针叶树、枫树、榆树、白桦树等。

有一本叫作《植物的生命》的书，里面有这样一段文字：

在没有风的晴朗日子里，许多植物的果实和种子都会借助垂直气流上升到高空。在太阳落山后，它们又会落下来。种子可以飞起来，是为了把种子带到陡峭的坡上或缝隙里。除此之外，它们没有其他办法能让种子落到这些地方。水平流动的气团，会把飘浮在空中的果实和种子带到很远的地方去。

有的植物的"翅膀"或"降落伞"，并不是一直附着在种子上。比如，一些蓟类植物，它们的种子一碰到什么障碍物，就会跟降落伞分离，落到地面上去。这个现象解释了，为什么大翅蓟类植物经常会沿着墙壁和篱笆生长。不过，也有一些植物的种子，始终跟降落伞连在一起，如图33。

植物的"翅膀"和"降落伞"比我们制造的滑翔机还要精密，它们甚至可能带着比自身重量重得多的负载升空。

图32　像伞一样的婆罗门参的果实

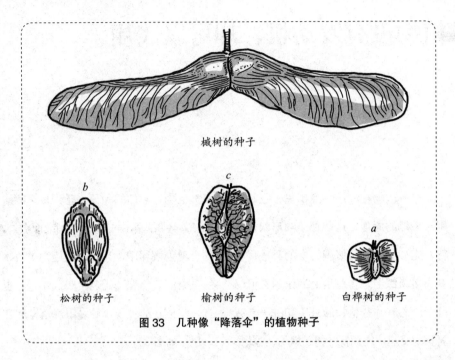

槭树的种子

松树的种子　　　　榆树的种子　　　　白桦树的种子

图33　几种像"降落伞"的植物种子

不仅如此，它们还有另外的一个优势，那就是自动调整飞行姿势，哪怕你将它倒过来，它依然能自动调整，把身体转回来。即便遇到什么障碍物，它们也不会"翻车"，而是会慢慢地落下来，非常平稳。

延迟开伞跳伞

看到这个标题，你一定会想起那些高空跳伞的勇者，他们从大概 10 千米的高空跳下，并且不是立刻打开降落伞，而是在下落很长一段距离后才拉动降落伞环。换句话说，他们只有在降落过程的最后几百米是开伞下落的。

可能在你的想象中，不打开降落伞，就会像"石头"一样落下来，整个过程就像在真空中一样，不会受到阻力的影响。

然而，实际的情况并非如此。空气阻力影响到了下落的速度。如果跳伞者一开始不打开降落伞，在最初的十几秒钟里，他的速度的确在增加，但有一点需要说明，随着速度的增加，空气的阻力也会变大，而且增长得非常快，在很短的时间里，速度就上不去了。所以，

跳伞者最后做的是匀速运动。

从力学角度来分析延迟开伞跳伞的情形。在没有打开降落伞的时候，最初的 12 秒钟，甚至不到 12 秒钟的时间里，跳伞者是加速下降的，时间长短取决于跳伞者的体重大小。在这十几秒的时间内，跳伞者会下降 400~500 米，下降速度可达到每秒钟 50 米左右。在此之后直至开伞，跳伞者都是以这个速度匀速下降。

雨滴下落的情形大致也是如此，唯一的区别在于，雨滴加速下降的那一小段时间大约只有 1 秒钟，或者更少，所以雨滴最终的下落速度要比延迟开伞跳伞者的最终速度小很多。雨滴的速度是每秒 2~7 米，雨滴越大，速度越大。

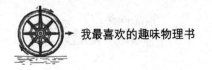

飞去来器

飞去来器是原始人类发明的一种独特武器，曾在很长的一段时间里，科学家都对这个东西感到不解，不知道它是什么原理，如图 34 所示。这种东西扔出去后，飞行的线路既复杂又诡异，简直就是一种奇术。

不过，这个谜底已经被现代的科学家们解开了。它根本不是什么奇术，在此我们就不详细阐述它的复杂原理了，简单来说就是，它之所以会飞出这样奇怪的路线，是由三方面因素导致的：扔出的方式、自身的旋转、空气阻力。

原始人类将这三种因素结合起来，熟练地改变飞去来器的投掷角度、力量和方向，达到自己的预期目标。只要经过训练，我们也能掌握这种投掷技巧。

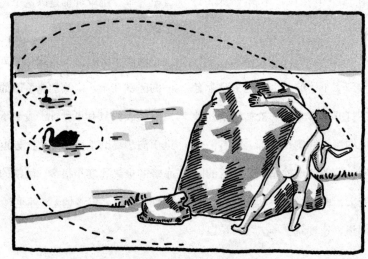

图 34　原始人类用飞去来器捕猎，图中的虚线是飞去来器的行进路线
（图中是未击中目标的情况）

如图 35 所示，我们可以在室内用
一只纸做的飞去来器体验一下。找一
张卡片纸，剪出图片所示的形状，
边长大约为 5 厘米，宽度不到
1 厘米。按照图示的方式，
用拇指和食指把它夹住，
用另一只手的食指用力弹
向它，注意弹的方向。你
会看到，飞去来器真的飞出
去了，并且在空中画出了一道
漂亮的曲线。

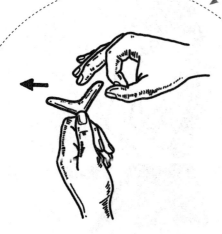

图 35　纸做的飞去来器和投掷方法

如果飞行前方没有阻挡，它会
重新回到你身边。如果按照图 36 所
示的大小和形状来制作这个飞去
来器，实验结果更佳。最好的
飞去来器的形状是图 36 下
方的螺纹型。好好练习的话，
这种飞去来器会飞出非常复
杂的曲线，然后重新飞回你
的身边。

需要说明的是，这种飞去来器
不仅仅是澳洲土著的专利，在印度

图 36　另一款纸质的飞去来器

图37　古埃及壁画上的士兵手拿飞去来器

的很多地方，也发现过飞去来器的踪影，在一些古老壁画的残片上，我们能看到飞去来器曾是亚述军队的一种普遍武器。古埃及和古努比亚都曾经有过飞去来器，如图37。

不过呢，澳洲的飞去来器是最特别的，它的形状就是我们刚刚提到的螺纹状，飞行曲线特别复杂，让人难以捉摸，更令人费解的是，它居然还能重新回到你的身边。

Chapter4

液体和气体的特征

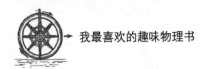

两把咖啡壶的问题

图 50　哪把咖啡壶盛水多一些

如图 50 所示，有两把粗细一样的咖啡壶，一把壶高一些，一把壶矮一些，你认为哪一把咖啡壶的容量更大呢？

很多人一定会想当然地说，在粗细一样的情况下，肯定是高的那个盛水多。其实，这里面牵扯到一个细节，那就是壶嘴的高度问题。从图中我们可以看出，两把咖啡壶的壶嘴一样高，不管往哪一把咖啡壶里倒液体，只能把液体倒至壶嘴的高度，再多了就会从壶嘴里溢出来。所以，两把咖啡壶的容量是一样的。

这一现象的背后，就是连通器原理。

咖啡壶的壶嘴跟咖啡壶体连在一起，里面是相通的。虽然壶体有高矮，可是咖啡壶实际的容易取决于所能盛装的液体的液面高度，而这高度则取决于连通器装置——咖啡中液柱低的一侧，即这里说到的两把咖啡壶的壶嘴。换而言之，如果壶嘴的高度比咖啡壶低，不管你怎么做，都不可能把咖啡壶灌满，装进去的液体一定会顺着壶嘴溢出来。所以，我们经常见到的各种水壶，它们的壶嘴都比壶顶要高一些，为的就是防止水轻易流出。

煤油的有趣特性

使用过煤油灯的人，可能都有过这样的经历：如果煤油灯里的油是满的，在点燃煤油灯后不久，它的外壁就会变得油乎乎的，不管你之前把它擦得多么干净。这就是煤油的一个有趣特性，不太招人喜欢。

出现这种情况的原因是没有把煤油灯的喷嘴拧紧，导致煤油在顺着玻璃流动时，流到了油杯的外壁上。如果你不想有这样的体验，就要记得把加油口的盖子拧紧。而且，在给煤油灯里加油的时候，千万不要装得太满，因为煤油遇热会膨胀，若是加得过多，盖子又拧得太紧，就可能发生危险，所以一定得留出空隙。

煤油的这一特性，总是让人感到无奈，尤其是那些利用煤油作为燃料的船只。通常，煤油会从一些看不见的缝隙中流出来，弄得到处都是，船员的衣服也会沾得满是油污，更别说油箱外面了。如果不采取措施，恐怕没有人愿意用这样的船只装载货物。对这种情况，人们也想了不少办法，可效果都不太理想。

一位名叫詹罗姆的英国作家，写了一篇小说叫《三人同船》，其中有一段风趣幽默的描写，就是讲煤油的：

"我不知道这个世界上还有什么东西比煤油更会钻，我们把煤油装载在船头，可它却偷偷跑到了船尾。整个旅途，我们都被它烦透了，所有的东西都没能幸免。煤油渗透了船身，滴入了水中，弄脏了空气和天空，毒害了生命。就连天上的月亮，也沾染了煤油的气息。有时，我们不得不让船靠岸，上岸呼吸一下新鲜的空气，或到城里走一走，可一阵风吹过来，依然还会有煤油的气息，赶也赶不走，仿佛整个城市都被煤油的气息笼罩了一样。"

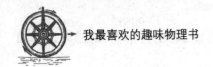
　　或许，詹罗姆的描绘有些夸张，他们只是因为衣服上沾染了煤油，才导致身边总有煤油的气息。这就是煤油的一个有趣特性，有时确实给人带来不少烦恼。但是，如果你认为煤油能够透过玻璃或金属，那就是误解了。

泡沫如何为技术服务

矿冶工业中选矿的方法有很多，我们这里要讲的是效果最好的一种，即浮沫选矿法。有时，在其他方法行不通的情况下，这种方法就能发挥作用。

那么，何谓浮沫选矿法呢？如图 62 所示，把研磨得很碎的矿石装进一只盛有水和油性物质的槽里，再放入事先轧碎的矿石。这种特殊的油会在需要的矿物粒子的外面包裹上一层膜，使粒子不会被水浸入。把混合物剧烈搅动，让它与空气混合，形成大量极小的气泡，也就是泡沫。被油包裹的矿物碎粒会跟泡沫结合在一起，随着泡沫浮起来，就像氢气球升空一样。那些没有被油包裹的矿物碎粒，依然和水混合在一起。这样一来，就把需要的矿物碎粒选出来了。

需要说明的是，泡沫的体积要比需要的矿物碎粒的体积大很多，这样才能保证这些矿物碎粒全部被泡沫的浮力带

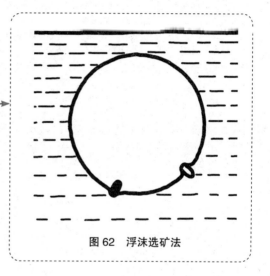

图 62　浮沫选矿法

上到水面上去。最后，再对这些泡沫进行简单处理，就能得到我们需要的矿物碎粒了。

现在，浮选法技术已经相当成熟且精细，几乎可以选出任何一种矿物，只不过需要根据所选矿物的种类来选择不同的液体。其实，在浮选法大量应用于工业选矿的时候，人们并不是很清楚它的物理学原理，这一切只是源自一个偶

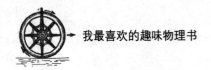

然的事件。

在19世纪末期，一位美国女教师凯瑞·艾弗森在洗涤一条曾经装过黄铜矿石并沾满油污的麻袋时，意外发现黄铜的颗粒跟着肥皂泡浮了起来。正是这个不经意的发现，推动了浮选法选矿的发展。

肥皂泡

你会吹肥皂泡吗？很多人都觉得，这件事不需要什么技巧，可事实证明，这件看似不起眼的事，其实并没有那么简单。特别是，你想要吹出又大又漂亮的肥皂泡，更是需要好好练习。如果你仔细观察吹肥皂泡这一现象，会发现它真的很有趣，还能从中学到不少东西。

在物理学家眼里，绚烂的肥皂泡是很有用的东西，用它能够测出光的波长，还能用来研究薄膜的张力，或是进行分子力作用定律研究。这种力是一种附着力，如果没有它的话，世界上除了最微小的灰尘以外，什么都不会存在了。

下面我们就来做几个实验，让大家对肥皂泡有更深刻的认识，尤其是对吹肥皂泡这门艺术有更多的了解。英国物理学家波依思写过一本名为《肥皂泡》的书，里面有不少关于肥皂泡的实验，还附加了详细的说明。我们这里说的实验，都摘录于这本书。

肥皂泡，就是用肥皂溶液吹出的泡泡。我们洗衣服用的肥皂就可以作为原材料，但要想吹出又大又好看的肥皂泡，最好还是用橄榄油肥皂或杏仁油肥皂。把这种肥皂溶化在干净的冷水里，如果有雨水或雪水更好，这样能令吹出的肥皂泡更持久。另外，最好在肥皂溶液里加上1/3的甘油。溶液配好后，去掉上面的浮沫，然后找一根吸管，在吸管的一端里外涂抹上肥皂，把吸管插到肥皂溶液里。如果没有吸管，细麦秆也是可以的。

现在，就可以吹肥皂泡了。首先，把吸管竖直放到肥皂液里蘸一下，沾上一些肥皂溶液，再把没有沾溶液的一端放到嘴里，均匀呼气，就会吹出肥皂泡来。

如果配置的肥皂液足够成功，完全

可以吹出直径 10 厘米的肥皂泡。如果泡泡不够大，可以尝试在溶液中再加一些肥皂。你可以在手指上蘸一些肥皂溶液，把手指插进吹出的肥皂泡中，你会发现，肥皂泡并不会破掉，是不是很神奇？

配制出这样的肥皂溶液后，我们就能继续下面的实验了。在实验开始前，一定要保证房间光线充足，并且做好心理准备，没有耐心的话就很难目睹肥皂泡的美丽。

实验 1：肥皂泡中的花朵

把一些肥皂液倒进托盘中，肥皂液有 2~3 毫米深即可。在盘子的中间放一朵花，用一个玻璃漏斗盖住，再把漏斗慢慢拿起来，用吸管向漏斗中吹气，就能形成一个肥皂泡。等到这个肥皂泡达到一定大小后，按照图 65 所示，倾斜漏斗，露出肥皂泡。

见证奇迹的时候到了！花朵被罩在一个透明的、半球形的、五光十色的泡泡里了。更有趣的是，如果用小人的雕像代替花朵，事先在人像的头上滴一些肥皂液，在大肥皂泡吹出以后，用一根细管穿过大肥皂泡，在小雕像的头上再

把花朵包裹住的肥皂泡

把花瓶包裹住的肥皂泡

大肥皂泡套住了人像。人像
头上还顶着一个小肥皂泡

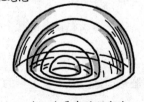

一个一个叠套的肥皂泡

图 65　肥皂泡的几个实验

吹出一个小肥皂泡。这时候，大肥皂泡依然可以保持完好。

实验 2：大肥皂泡套小肥皂泡

用刚才的漏斗吹出一个大肥皂泡，然后拿一根稍长的吸管，除了嘴上含着的那一点外，全部沾上肥皂液。然后，把这根吸管慢慢地伸到大肥皂泡的中心，再慢慢抽回来，在还没有抽到大肥皂泡边缘的时候，吹出第二个肥皂泡，这个肥皂泡就会被包在前一个里面。按照这种方式，我们还能在第二个肥皂泡里吹出一个更小的泡，让肥皂泡一个套一个。

图 66　制作圆柱体肥皂泡的方法

实验 3：肥皂泡圆柱

如图 66 所示，准备两个圆环。吹一个直径大于圆环的肥皂泡泡，将其放到其中的一个铁环上，再把另一个铁环轻轻放到大肥皂泡的上面，然后反方向拉两个铁环。慢慢地，刚才的肥皂泡会变成一个圆柱体。如果继续慢慢向外拉，圆柱体会变成两个肥皂泡泡，分别沾在两个铁环上。

肥皂泡除了对里面的空气产生压力外，还会受到表面张力的作用，如图 67 所示。如果把吹有肥皂泡的漏斗口靠近火焰，就会看到这个表面张力并不可小觑，火焰会明显地偏向一边。

图 67　受热的空气吹出的肥皂泡

如果把肥皂泡从暖和的房间移到冷的房间，它的体积会明显缩小。反过来，如果从冷的房间转移到暖和的房间，它的体积就会变大。这是肥皂泡里的空气热胀冷缩的缘故。

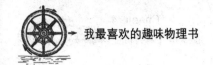

　　还要说明一点，我们都认为肥皂泡的生命很短，其实这种认识并不正确。如果好好呵护它的话，肥皂泡能保存十几天呢！英国物理学家杜瓦专门制作了一个大瓶子，把肥皂泡放在里面，避免它受到外界尘埃和空气流动的影响，这个肥皂泡"存活"了一个多月的时间。还有一个美国人用玻璃罩把肥皂泡罩起来，把肥皂泡保存了好几年。

什么东西最薄

平时我们形容一个东西很薄很细时，就会说它像头发丝或纸一样，但其实跟肥皂泡比起来，头发丝和纸简直是太粗太厚了。

肥皂泡薄膜是我们肉眼能看到的最薄的东西，它大约只有头发丝和纸的1/5000。人的头发在放大200倍后大约有1厘米粗，而肥皂泡的截面在放大200倍后，几乎都看不见，还需要再放大200倍，才能看到一条细线状的截面。而如果头发丝被放大40000倍的话，将有2米多粗。图68直观地展示了肥皂泡和一些细小物体的对比关系，从图中可以看出，它们的差别非常大。

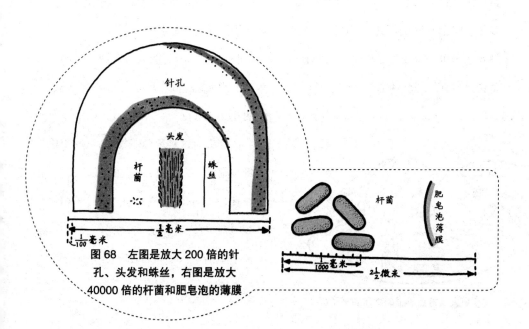

图68　左图是放大200倍的针孔、头发和蛛丝，右图是放大40000倍的杆菌和肥皂泡的薄膜

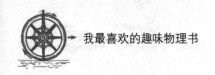
不湿手

把一枚硬币放在一个平底盘里，倒上水，令水没过硬币。这时，请你把硬币拿出来，但是不能弄湿手，你能做到吗？

很多人都觉得这是不可能的，但其实我们只需要一个玻璃杯和一张烧着的纸，就能做到。把烧着的纸放进杯子，迅速把杯子倒过来，盖到盘子上，硬币留在杯子外面。过一会儿，等纸燃尽后，杯子里就会变得烟雾缭绕。这时，你会发现盘子里的水发生了变化，它们竟然都流进了杯子里！接着，我们就可以把

图 69　用两根火柴将盘子里的水压到杯子里

硬币拿出来，而手一点儿也不会湿。

这是怎么回事呢？为什么水会自己流到杯子里，而且水柱那么高，竟然也不会流下来？其实，这就是大气压的作用。纸烧着后，杯子里的空气压力变大，就会排出去一部分，等纸燃尽后，杯子变凉了，里面的空气压力又会变小，于是杯子外面的空气就把盘子里的水压进了杯子里，是不是很有意思？

其实，如果不用纸，用几根插在软木塞上的火柴，同样可以完成这个实验，如图 69 所示。

很多人对这种现象不理解，他们认为纸烧着以后，把杯子里的氧气耗掉了，所以杯子里的气体就少了。这种认识是错的，我们前面说过，关键在于杯子里的空气受热排出，而不是把氧气消耗掉了。

改进的漏斗

把液体灌进径口较小的瓶子里时，我们经常会用到漏斗，但在使用的过程中，需要时不时地把漏斗提起来一下，否则液体就会停在漏斗里，不再继续往下流。这是什么原因呢？

答案很简单，瓶子里的空气找不到出去的路了，瓶中空气的压力就会阻碍漏斗里的液体往下流。最初的时候，会有一些液体流下去，这是因为瓶子里的空气在液体压力的作用下，被略微地压缩了。但是，被压缩的空气会有更大的压力，足以让漏斗里液体的重量保持平衡。所以，需要不时地把漏斗提起来，让瓶子里的空气往外排一些，漏斗里的液体就能很顺利地流到瓶子里去了。

可是，如果每次使用漏斗的时候都要这么做，也未免太麻烦了。所以，有人就对漏斗进行了改良，把漏斗的外缘做成了瓦楞的形状。这样，再把漏斗放到瓶口上的时候，漏斗和瓶口之间始终都有空隙，瓶子里的空气就能随时排出去了。在一些实验室里，这种结构的漏斗得到了广泛的应用。

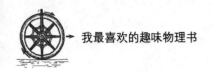

永动的钟表

我们知道，所有的永动机都是不可能实现的。现在，让我们再来看另一种"永动机"，或者我们可以将其称为"免费"的动力。这种"永动机"是可以实现的，但它的动力是由外部环境提供的。

说到气压计，你一定不会陌生。其实，气压计有两种，一种是水银气压计，一种是金属气压计。水银气压计里的水银柱，会随着气压的高低变化而升降；金属气压计是指针式的，指针会随着气压的变化来回摆动。

18世纪的时候，一位发明家利用气压计的原理，发明了一种机械装置。那是一个钟表，不需要外力就能走动，而且能一直走下去。对于这个时钟，英国机械师、天文学家弗格森给予了极高的评价，他说："仔细观察这只钟表，我发现它是由一个特殊装置的气压计里的水银柱升降带动的。可以肯定，这只表

会一直走下去，就算把气压计拿走，藏在时钟里的动力也能保证它走一年的时间。可以说，这是我见过的机械装置里最精妙的发明，简直太完美了！"

很遗憾，这只钟表现在已经找不到了，没有人知道它是否还存在于这个世界上。不过，我们找到了这只钟表的设计图，如图71所示。根据这张图，我们很有可能重新复制它。

从图中可以看出，时钟里有一个大型的水银气压计，盛水银的玻璃壶挂在一个架子上，玻璃壶里倒插着一只长颈的玻璃瓶，里面的水银有150千克重。玻璃壶和长颈瓶可以上下移动。当气压变大的时候，时钟里的杠杆会让长颈瓶向下移动，而玻璃壶则会上移。当气压变小，长颈瓶上移，玻璃壶下移。

随着长颈瓶和玻璃壶的移动，一个小齿轮会向一个方向转动。如果气压没

有变化，齿轮就会静止。但当齿轮静止
不动时，上面的重锤就会落下来，带动
齿轮继续转动。如果气压变动过快，就
会把重锤提上去，此时就需要一个特殊
的装置，让重锤在升到一定高度后自己
落下来。这个重锤的设计很巧妙，就算
是现代人也很难想到。可是，古代的发
明家却做到了，这实在令人敬佩。

可以看出，这种"免费"的动力机
械，跟那种不能真正实现的永动机设想
还是有很大区别的。在这个"免费"的
动力机械里，动力不是凭空来的，而是
来自于机械装置的外部。这座时钟是从
周围的气压得到了动力。必须承认的是，
这种"免费"的动力机械非常经济。

需要说明的是，这种机械装置的制
造成本是很高的，与它得到的能量不成
正比。

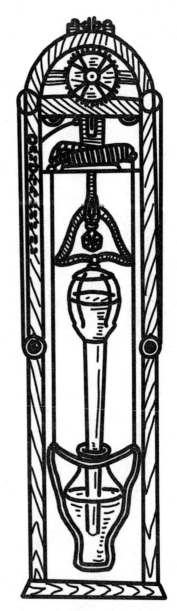

图 71　"免费时钟"的设计图

Chapter5
热现象

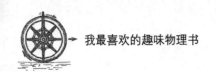

十月铁路是夏天长，还是冬天长

从莫斯科到圣彼得堡的十月铁路有多长？对于这个问题，有人说："十月铁路的平均长度是 640 千米，夏天比冬天长 300 米。"这个回答是不是挺有趣的？铁路的长短还会变化吗？可事实上，这真的是标准答案。

我们都知道，铁路是钢轨铺设成的，钢轨会热胀冷缩，所以夏天的时候，铁路会比冬天时要长一些。温度每提高 1℃，钢轨的长度就会增加原来长度的十万分之一。在酷热的夏天，钢轨的温度可达 30℃ ~40℃，甚至更高。在这样的温度下，如果用手摸钢轨，很可能会被烫伤。冬天时钢轨温度可能会降到 −25℃。我们暂且把夏天和冬天的钢轨温差记为 55℃，钢轨的全长是 640 千米，我们可以计算出：

$$640 \times 0.00001 \times 55 \times 1000 \approx 352 \text{ 米}$$

由此可见，十月铁路在夏天比冬天长了 300 多米。

千万不要觉得这两座城市之间的距离变化了，我们说的只是钢轨的总长度，这两者不是一回事。铁路上的钢轨不是紧密相连的，两根钢轨之间会有一定的空隙，就是因为考虑到了钢轨的热胀冷缩。我们通过数学公式计算出的那 300 多米，均匀地分布在钢轨之间的空隙里。

假设一根钢轨的长度是 8 米，那么在 0℃ 的时候，钢轨之间的间隙要留出 6 毫米。这样的话，当温度达到 65℃，间隙刚好可以胀满。但是，电车在铺设钢轨的时候，却由于技术条件受限，没有办法留出空隙。不过，电车的钢轨通常都埋在地下，倒也不太受温度的影响。另外，电车钢轨埋在地下，也不会轻易被挤压弯曲。可如果天气太热，电车钢轨还是会胀弯的。如图 72 所示，这是按照一张照片画出来的一段电车钢轨，可

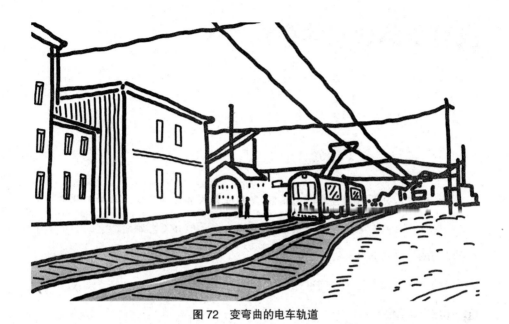

图 72 变弯曲的电车轨道

以很明显地看出它弯曲了。

　　这种现象，有时也会发生在铁路上，特别是架设在斜坡上的钢轨，列车在行驶过程中会带动钢轨移动，最终这些路段钢轨间的接缝消失，钢轨的两端就会紧紧地连接在一起。钢轨之间没有间隙，到天气炎热时，这些路段的铁路就会胀弯了。

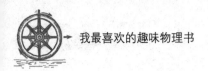

没有受到惩罚的盗窃

每年冬天，莫斯科到圣彼得堡间都要"丢失"几百米的电话线。大家都知道是谁干的，可从来没有人在意，这个偷电线的家伙也从来没有受到过任何惩罚，这是为什么呢？

前面一节里，我们已经提到过这个"窃贼"，它就是寒冷的冬天！铁路的钢轨在低温的情况下会收缩，电话线也一样。只不过，电话线是铜芯的，对温度的变化更为敏感，热胀冷缩的程度也比钢轨大，大约是钢轨的 1.5 倍。

电话线跟钢轨还有一个不同之处，那就是不能留出空隙，不然的话，电话就不通了。依照上节提到的比例关系，莫斯科到圣彼得堡间的电话线，冬天大概比夏天要短 500 米。虽然被"偷"了这么多，但并不影响两地之间的正常通信。到了夏天，或者天气暖和的时候，这些被"偷"掉的电话线又会被"还"回来。

如果这种冷缩现象不是发生在电话线上，而是发生在桥梁上，那麻烦可就大了。这里有一个真实的案例：巴黎有一座塞纳河桥，是一座铁架桥，1927 年12 月，连续几天的天气都特别冷，铁架收缩得非常严重，桥受到了严重的破坏，桥上铺的砖石都碎裂了，桥上交通暂时关闭。可见，如果不充分考虑热胀冷缩的影响，会给我们的生活带来不少麻烦。

埃菲尔铁塔有多高

如果有人问你：埃菲尔铁塔有多高？你可能会说："300 米。"可它真的是 300 米高吗？夏天和冬天的高度是一样的吗？

铁会热胀冷缩，这是我们都知道的常识，所以埃菲尔铁塔在夏天和冬天的高度肯定是不一样的。根据我们前面提到的比例关系，一根 300 米长的铁杆，温度每升高 1℃，长度就会增加 3 毫米。埃菲尔铁塔的高度在温度升高 1℃后，也会增加这么多。巴黎的夏天温度可达 40℃，冬天最冷的时候气温会降到 -10℃，至少是 0℃。如果冬天的温度按 0℃ 计算，

这个温差可达 40℃。这样的话，在一年当中，埃菲尔铁塔最高和最矮的高度差是 120 毫米，也就是 12 厘米。

当然，这是我们计算的结果。现实中，埃菲尔铁塔对温度的变化非常敏感。在下雨或阴天的时候，我们还没感觉到冷，它就开始发生冷缩反应了；当太阳出来，我们还未感觉到暖和，它也已经变高了。埃菲尔铁塔的高度变化，我们并不能直接感觉到。不过，借助于一种特质的镍钢丝，我们可以测量埃菲尔铁塔的高度，这种材料不会因温度变化而热胀冷缩。

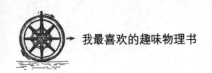

从茶杯到玻璃管液位计

　　往玻璃杯里倒热茶水的时候，有经验的人总会先在杯子里放一个银制的小勺，这样就能防止杯子炸裂。这种做法很常见，但你知道其中的原理吗？在回答这个问题之前，我们必须先弄清楚一件事：为什么直接往玻璃杯里倒热水，杯子会炸裂？

　　原因很简单，玻璃在受热的时候，各部分膨胀不均匀。开水倒进玻璃杯后，并不能立刻让整个杯子都变热，最先热的是玻璃杯的内壁，此时玻璃杯的外壁还没有变热。内壁受热后开始膨胀，而外壁却没有变化，内壁就会挤压外壁，外壁就被撑破了。

　　如果玻璃杯厚一点的话，是不是就不容易破呢？恰恰相反，与薄的玻璃杯相比，厚的玻璃杯更容易破。因为，厚玻璃杯在倒入热水的时候，内壁迅速受热，热量传到外壁的时间会更长一些，

也更不容易让外壁跟着一起膨胀。薄的玻璃杯，热量可以快速传递到外壁，让外壁也迅速受热，所以反而不容易被烫裂。

　　我们在选购薄的玻璃器皿时，千万要记得：不仅要选玻璃杯壁薄的，最好底部也要薄。因为，我们倒入热水的时候，底部最先接触到热水，杯子的底部是最热的部分。如果杯壁很薄，而底部很厚，还是很容易炸裂。瓷器也是一样的。正因为此，化学家们在做实验的时候，所用的试管都非常薄。这样的试管，就算拿到火上加热，也不怕被烫破。

　　事实上，玻璃薄一些，只是不容易烫破，但不是说它一定不会烫破，毕竟玻璃对热胀冷缩非常敏感。相比之下，有一种材料就安全多了，那就是石英。石英的热胀冷缩程度只有玻璃的 $1/15 \sim 1/20$，导热特别快。如果选用石英制作的器皿，

就算壁比较厚，也不容易烫破。更夸张的是，就算把石英做的器皿烧得通红，立刻扔到水里，它都不会炸裂。

玻璃不仅在快速加热的时候会炸裂，在突然冷却的时候，也一样会炸裂。这是玻璃的不均匀冷缩导致的。杯子的外壁遇冷收缩，用力压向尚未来得及收缩的内层，使得玻璃炸裂。所以，我们不能把装着热果酱的玻璃罐放到寒冷的室外，或直接浸入到冷水中。

现在，我们把问题拉回到玻璃杯中的银勺上来，小勺为什么能保护玻璃杯不被热水烫裂呢？

如果向杯子里倒入热水，玻璃杯很容易被烫破，但如果倒入的是温水，就不会出现这样的问题。我们在杯子里放一个银勺，就是利用了这一原理。金属的导热性比玻璃好，往杯子里倒热水的时候，热水的温度会迅速传到勺子上，从而让水的温度降低一些。这样，玻璃杯就不会迅速受热，外壁也不会受到挤压，杯子就不容易被烫破了。而且，勺子越大，保护作用越强。

现在，我们还要说一说，为什么要用银勺子？因为，银是非常好的导热体，比不锈钢的导热性强得多。如果你试过这种方法，你一定感受过放在开水里的银勺子特别烫手，如果勺子是不锈钢的，根本感觉不到烫，顶多有点儿热而已。

玻璃壁的不均匀膨胀，不仅会让茶杯炸裂，还会影响到蒸汽锅炉的重要部分，即用来确定锅炉水位的玻璃管液位计。玻璃液位计的内壁在被蒸汽和沸水加热时，比外壁膨胀得厉害，除了这种原因导致的张力外，玻璃管液位计还会受到蒸汽和水的压力，很容易破裂。为了防止破裂，我们就会用双层玻璃来制作玻璃管液位计。两层玻璃的品质不同，里层的膨胀系数小于外层的膨胀系数，在里层玻璃受热时便不会因为变形过大而破裂，两层玻璃间的空气导热慢，从而保护了外层的玻璃。

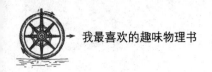

靴子的故事

夏季的白天比晚上要长，而冬天的夜晚比白天长，这是怎么回事呢？说白了，这其实也是冷胀冷缩的缘故。冬季的白天和其他事物一样，因为冷缩而变短，晚上点起的灯火照暖了黑夜，所以黑夜就变长了。

是不是觉得这个解释挺滑稽的？其实，这是契诃夫的短篇小说《顿河的退伍士兵》中对白天夜晚的长短的描述。我们都知道，事实不是这样的，但在生活中又总是犯同样的错误。比如，经常有人说，洗过热水澡后，脚受热膨胀，体积变大，穿不进靴子了。这种现象确实有，但这样的解释合理吗？

我们在洗澡的时候，身体温度上升得并不多，或者说根本就没什么变化。即便在桑拿浴房里，体温变化也不会超过2℃。这是身体功能决定的，它能帮助我们迅速适应周围环境的变化，让体温保持在一定范围内。

在体温升高1℃~2℃的时候，身体体积的增加基本可以忽略不计，也不会影响到穿靴子。人体中的各种组织，受热膨胀系数不会超过万分之几。这就是说，当体温升高时，人的脚和小腿最多胀大百分之几厘米，而我们的靴子根本不可能做得这么精确，对于零点几毫米都能敏感地感受到。

不过，洗完澡之后，真的会有穿不进靴子的情况发生，这究竟是为什么呢？真正的原因是，我们洗澡的时候，水温较高，导致我们脚上的血液循环加速，脚就会充血，甚至脚的外皮会肿起来。所以，显得脚大了，但这绝对不是因为热胀冷缩。

奇迹是怎么创造出来的

古希腊有一位名叫西罗的机械师，他发明了一个喷泉，用来帮助埃及的祭司们欺骗群众，还谎称是神仙显灵，如图73所示。

这个祭坛是用一个空心的金属制作的，安放在庙宇的外面。祭坛下面的地下室里装着一个机关，通过它能打开庙宇的大门。祭司在祭坛里点火的时候，祭坛里的空气受热膨胀，对地下室瓶子里的水施加压力，把瓶子里的水压到旁边的一根管子里，水再流到旁边的桶里。桶里有水后，重力加大，会落到下面的一个机关上，从而带动传动装置，如图74所示。这时候，传动装置就把庙宇大门打开了。

还有一个骗人的伎俩，也是祭司们想出来的，如图75所示。在祭坛上烧火的时候，空气受热膨胀，会把压力传递到下

图73　帮助埃及祭司骗人的祭坛

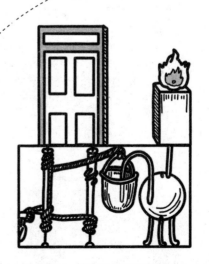

图74　庙宇大门的传动装置

图 75 另一种骗人的伎俩，让油自动流到祭火之中

面的油箱里，油箱里的油压到旁边的两个祭司像的管子里去，这些油顺着管子流到火上，火会烧得更旺。只要祭司悄悄把油箱盖子上的木塞拔掉，油就不会再流到火上了。如果祈祷人的布施太少，祭司们就会用这一招来吓唬他们。

不用上发条的钟表

前面我们介绍过一种不用上发条的钟表，那是利用大气压的变化驱动的。在这一节中，我们介绍另一种不需要上发条的钟表，它是利用热胀冷缩原理制成的。

如图76所示，这是钟表的结构图。它主要由两只采用特殊合金制成的金属杆 Z_1 和 Z_2 组成，膨胀系数很大。金属杆 Z_1 抵在齿轮 X 上，当它受热膨胀变长时，会带动齿轮微微转动。金属杆 Z_2 抵在齿轮 Y 上，当它遇冷收缩时，会使齿轮朝同一个方向微微转动。两个齿轮 X 和 Y 都套在装在转轴 W_1 上，该转轴转动时会带动装有汲水斗的大转轮。汲水斗会从下面的水银槽里汲入水银，把水银带到上面的水银槽里，流向左边的转轮。左边的转轮也有汲水斗，当这些汲水斗都装满水银后，就会带动这个转轮转动，同时带动环绕在小轮 K_1 和 K_2 上的传动链 K，小轮 K_2 转动时就会拧紧这只表的发条。

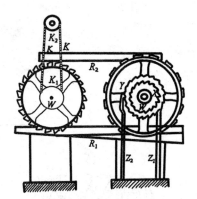

图76 不用上发条的时钟

水银从左边轮子流出来后，会流到槽 R_1 里，顺着槽 R_1 流回到右边的大轮子下面，不停地循环使用。不难看出，金属杆 Z_1 和 Z_2 的长度一旦发生变化，这个装置就会运转。只要空气的温度升高或降低，就会不停地给这只表上发条。温度的变化随时都在发生，不需要我们特别处理，所有根本不用担心这只表会不会走。

那么，这个钟表可否叫作"永动机"呢？当然不可以。虽然在机械装置磨损之前，这只表会一直走下去，但它的动能来自于周围空气的热量。热胀冷缩效应产生的能量被一点点地积蓄起来，在表针转动时不断地消耗。所以，我们可以说，通过"免费"的动力做功，这只表可以不停地走下去。但是，这种"免费"的动力，来自太阳的能量，而不是凭空产生的。

还有一种钟表，如图 77 和图 78 所示。这种表也不需要人为提供动力，就可以转动。它主要利用甘油随着温度升高而膨胀的原理。空气温度升高时，甘油受热膨胀提起一个重锤，这个重锤落下去时会带动钟表。甘油的凝固温度大约是 −30℃，沸点为 290℃。所以，这种表经常用在广场等地，只要周围的温度变化达到 2℃，它就会走动。曾经有一只这样的钟表样品，在没有人碰的情况下，走了整整一年，且时间很精准。

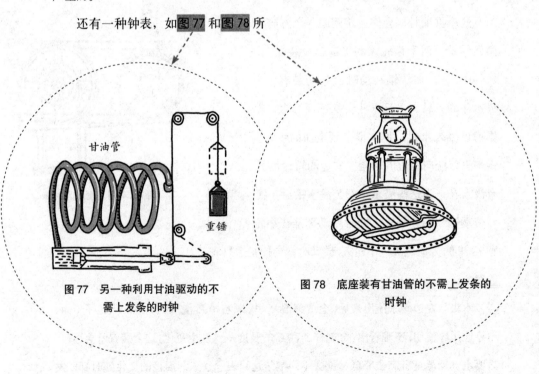

图 77　另一种利用甘油驱动的不需上发条的时钟

图 78　底座装有甘油管的不需上发条的时钟

香烟能教会我们什么

如图 79 所示，在火柴盒上放一支点着的香烟，香烟的两端都有烟冒出来。如果仔细观察，你会发现，从过滤嘴那一端冒出的烟是往下走的，而另一端冒出的烟却向上飘，这是怎么回事呢？它们明明是从一支香烟里冒出来的呀！

确实，两端的烟都是从同一支烟里冒出来的，但是在点燃的那一头，空气加热后产生了上升的气流，把烟雾颗粒带着向上走；过滤嘴的那一端，冒出来的烟和空气，因为已经冷却了，加之烟雾颗粒比空气重，所以烟就向下走了。

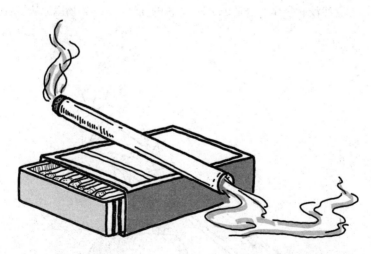

图 79　两端冒烟的香烟，一端的烟向上走，另一端的烟向下走

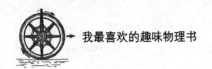

在开水中不会融化的冰块

把一块冰放进一个装满水的试管里，由于冰块比水轻，所以它会浮到水的面上。这时，我们用一枚硬币或其他比水比重大的东西，把冰块压到试管的底部。接着，把试管的上端放在酒精灯上烧，一直烧到水沸腾，并冒出气泡和蒸气。这时，观察一下冰块，你会惊奇地发现，它竟然没有融化，这是怎么回事呢？如图80所示。

因为，试管底部的水没有沸腾，甚至还是凉的，所以冰不会融化。确切地说，冰块不是在沸水里，而是在沸水的底部。这就是说，沸腾的水只在试管的上部流动，没有影响到下部的水。下部的水只能通过热传导的方式被加热，但水的导热度很小，所以冰块没有融化。

图80 试管上部的水已经沸腾，试管下部的冰块却没有融化

为什么窗子关上了，还会有风吹进来

我们经常会为一件事情感到困惑：窗子明明都关好了，可还是有风吹进来。这到底是什么原因呢？

其实，这是一件很正常的事。无论什么样的房间，只要有空气存在，就不会处于静止的状态，在受热和遇冷的时候，空气就会形成气流。空气受热后会变得稀薄，也就是会变轻；在遇冷之后，则会变得稠密，也就是变重。如果房间有电灯，或是烧暖气片，周围的空气就会变热，形成热气流上升到天花板，靠近窗户或墙壁的冷空气就会向下流动。

关于这一现象，我们可以借助孩子玩的氢气球来观察。找一个氢气球，在它下面挂一个小物件，让气球可以悬浮在空中，而不是升到天花板上。接着，把气球放到火炉旁边，此时就会看到，气球在整个房间里游荡：先是上升到火炉上边的天花板上，然后飘向窗子，再落到地板上，而后，又从地板上移动到火炉旁边，继续沿着刚才的轨迹飘动、落地。

这就是为什么在冬天的时候，窗户关得很严密，外面的空气根本不可能吹进来，我们却依然能感觉到有风在吹，特别是脚底下，感觉更明显。

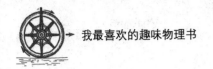

神秘的风轮

我们来做一个好玩的东西：把一张纸剪成长方形，沿着它的横竖中间分别对折两次，再把纸展开，如此就能找到这张纸的中心。接着，用一根针顶住纸片的中心，再把针竖立在桌子上。因为针尖是顶在纸片中心的，所以纸片可以保持平衡。此时，只要轻轻吹一下，纸片就会转动。

如图 81 所示，按照图上的样子，把手放到纸片边上，动作一定要轻，避免手带动空气把纸片吹掉了。这时，你会看到一个奇怪的现象：纸片转动起来了，而且速度越来越快。

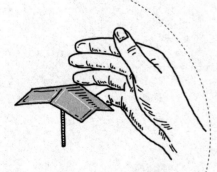

图 81 为什么纸片会旋转

如果把手拿开，纸片就会停止转动，若再把手靠近纸片，它又会转动起来。

为什么会这样神奇呢？难道我们有超能力？在这个谜底尚未被揭开时，很多人就是这样认为的，尤其是神秘学的爱好者。在他们看来，这是人体可以发出某种神秘力量的证明。

其实，纸片旋转的原因没那么离谱，让我们用科学来解释一下：当手靠近纸片的时候，手下面的空气被手温暖了，空气就会上升，碰到纸片，带动纸片转动。同理，如果把纸条卷一下，放到台灯上方，纸条也会转动。

如果再仔细观察，我们还会发现：这张纸片的转动方向是固定的，一直是从手腕向手指的方向旋转。原因很简单，我们的手掌比手指热一些，对周围的空气产生的作用也大一些，导致手腕旁边的空气流强度稍大，给纸片的力量也更大一些。

皮袄能温暖我们吗

寒冷的冬天，我们都会穿一件棉袄御寒，但如果有人说，皮袄并不会温暖我们，你会相信吗？你可能会纳闷：如果它不能给我们温暖的话，为什么我们穿上它之后，就觉得不冷了呢？现在，我们来做个实验验证一下，看看皮袄到底有没有给我们温暖？

找一个温度计，记下它的读数，然后把这个温度计放到皮袄里，把皮袄裹起来。几个小时后，把温度计拿出来，再来读上面的读数，你会发现，温度计上的读数根本没有变化，和原来的温度一模一样。

你可能仍不相信，但这就是事实。皮袄真的给不了我们温暖，更无法给我们提供热量。我们的温暖来自于电灯、火炉和身体本身，这些东西才是热源。只要是温血动物，本身就是一个热源。皮袄的作用是阻止我们身体上的热量散出去，把热量保存在体内，从而使我们感到温暖。

在上面的实验中，温度计本身不是热源，不产生热，所以就算在皮袄里待上几个月甚至几年，读数也不会产生改变。有时，我们还能把皮袄的这一特性用在保存冰块上，用皮袄裹住冰袋，能让冰块一直保持低温，皮袄在这里的作用也是阻止外面的热空气跑到里面的冰块上。

其实，不仅仅是皮袄，冬天的雪也有这样的特性，能让下面的土地保持温度。因为，雪花也是不良导体，能阻止热量的传递。如果我们用温度计测量雪下的土地和没有被雪覆盖的土地，会发现两者的温差可达10℃，甚至更多。

现在，你一定解开了心中的疑团：皮袄真的不能给我们带来温暖，是我们自己的身体给自己温暖，皮袄只是阻挡了我们身体的热量向外传递。

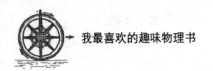

我们的脚下是什么季节

这个问题，很多人可能都没有想过。那么，现在你可以思考一下：夏天的时候，地面以下三米的地方，会是什么季节？你可能会说，也是夏天。很遗憾，这个回答是错的。地面以上和地面以下的季节是不一样的，根本不是我们所想得那样。

我们脚下的土壤，导热性非常差。就算在寒冷的冬天，埋在地底下的自来水管也不会被冻坏，甚至根本不会被冻住。当地面以上发生季节变换时，地面以下要很久才感觉得到。越深的地方，感受到的时间越晚。

有人曾在俄罗斯的斯卢茨克做过一个实验：在地下3米的地方，最热的时候，要比地面以上最热的时候延迟76天，最冷的时间延迟108天。这就是说，如果地面以上在7月25日最热的话，地面以下3米的地方，要到10月9日才达到最热。如果地面以上最冷的时候是1月15日，地下要到5月份才感觉最冷。在地下更深的地方，这个延迟更长。

随着地下深度的增加，温度的变化不但延迟得更长，还会减弱。到了某一个深度，温度的变化就完全停止了。在那里，一年甚至一百年，温度都是不变的。巴黎的天文台有一个地窖，地窖28米深的地方放置着一只温度计，这只温度计的读数一直都是11.7℃，始终没有变过，已经保持了几百年。据说，这只温度计是科学家拉瓦锡放在那里的。

总之，我们脚下的土壤，和我们感觉到的季节是不同步的。当我们进入冬季的时候，地下3米深的地方可能还是秋天，而且温度变化非常慢，当我们进入夏天的时候，那儿可能还是寒冷的冬天。

　　了解了土壤的这一特性，我们就能更好地研究生活在地下的生物。比如，树木根部细胞的繁殖刚好在一年中寒冷的半年进行，而在整个温暖的季节里几乎停止活动，这一点跟地面上树干的情况刚好相反。

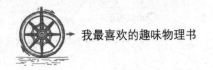
关于冰柱的问题

冬天的时候，我们总能看到屋檐上垂下的冰柱。你知道这些冰柱是怎么形成的吗？它们是在什么样的天气里形成的呢？温度在0℃以上的时候，根本无法形成冰柱，只有温度达到0℃以下才行。可是，当温度达到了0℃以下，屋顶上的水又是从哪儿来的呢？

所以，问题根本不像我们想的那么简单。要形成冰柱，必须满足两个条件：一是0℃以上的温度，这时冰雪融化；另一个是0℃以下的温度，这时雪水结冰。

事实就是如此。积雪融化就是因为温度达到了0℃以上，加之屋顶有一定的角度，融化后的雪水流到了屋檐的位置。雪水流到这里的时候，温度又达到0℃以下，雪水结冰，形成冰柱。

前面我们说过，在不生火的屋子的屋檐上经常会有冰柱。现在，我们就来具体分析一下冰柱的形成过程。在此之前，我们先了解一个常识，即太阳光线在照射时太阳提供的热量，与光线跟被照射面之间夹角的正弦值成正比。如图86所示，如果太阳光线按照图示的角度照射，那么屋顶上的积雪得到的热量比地面积雪得到的热量高出1.5倍，因为60°的正弦值比20°的正弦值大1.5倍。这就是屋顶斜坡会被阳光晒得更热，从而使上面的积雪能够融化的原因。

假设某一天，天气晴朗，温度在-2℃到1℃之间，阳光照射着大地和屋顶。屋顶与太阳光线几乎成直角，积雪开始慢慢融化。融化的雪顺着屋檐一滴滴地流下来，由于屋檐下面的温度低于0℃，水滴凝结成冰。下一个水滴又流到这个冰滴上，又结成冰，然后第三滴、第四滴……逐渐形成一个冰柱。

生活中还有不少现象，也可以用这个原理解释。我们知道，不同的气候带和一年四季的温度变化，在很大程度上都是太阳光线照射的角度不同引起的。当然，这不是全部的因素，它也跟太阳照射的时间长短有关。这两个影响温度变化的因素，形成原因是地球在围绕太阳公转的时候会形成一个轨道面，而地轴相对于这个轨道面是倾斜的。无论冬天还是夏天，太阳跟我们之间的距离基本上是一样的，太阳到赤道和两极的距离相差不大。然而，在赤道附近的地面上，阳光照射的角度几乎是直角，而照到两极的角度几乎为零。而且，在夏季的时候，太阳光线照射赤道的时间较长，就会引起白天气温的变化。换句话说，自然界的很多变化都是太阳光线照射的角度不同引起的。

图86 倾斜的屋顶比水平地面被太阳晒得更热

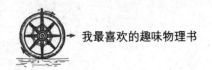

被捉住的影子

俄国诗人涅科拉索夫写过一首关于影子的诗：

影子啊影子，

有谁没被你追上？

又有谁没追上你？

但是，黑色的影子啊，

谁也无法捕捉到你！

是的，没有人能够捕捉到自己的影子，但古时候的人们却利用影子画出了自己的"影像"。如图87所示，这就是

图87　古人画影像的方法

古人画影像的方法。为了让影子的轮廓清晰一点，被画像的人需要不停地变换角度和位置，然后画像者把他的轮廓勾勒出来。画好影子的轮廓后，涂上墨水，剪下来贴在白纸上，这个人的影像就画好了。

如果有需要，还可以用放大尺把影像的尺寸缩小，如图88所示。

你可能会觉得，这样画出来的影像，充其量就是一个轮廓，不可能看出这个人的相貌特点。那你可就错了，有的人能把影像画得跟本人的相貌非常像。不得不说，这种画影像的方法既简单，效果又好。人们还用这种方法来画风景，后来逐渐形成了一个画派。如图89所示，这就是席勒的影像。

我们这里说的"影像"，并不是随意捏造的词，它源自法文 silho（西路艾特）。在 18 世纪中期以前，这个词还只是一个姓氏。有一位法国财政大臣，他叫埃奇言纳·德·西路艾特。当时，他看到那些达官贵人们都把钱花在了画像上，就责备他们太奢侈，并号召全体国民不要浪费。这时，就有人开玩笑地把便宜的"影

像"称为西路艾特式，借此来取笑这位财政大臣。后来，这个词就流传了下来。

图88 成比例缩小影像

图89 席勒的影像

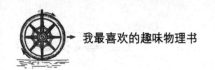

鸡蛋里的小鸡雏

多数人都有过用影子做游戏的经历，比如用弯曲的手指在墙上或地上印出一个小动物的模样，现在我们也要用影子来做一个游戏。

拿一张厚纸板，在中间剪出一个方形的孔，再把一张浸过油的纸蒙在这个方孔上，这样就做成了一个小荧幕。然后，在荧幕的后面放两盏灯，点亮其中的一盏，在灯和屏幕之间放一个椭圆形的小纸片，这样一来，荧幕上就出现了一个鸡蛋的剪影。现在，我们可以对观众说："下面，我们要开启X射线透视机，看看鸡蛋内部是什么样子。"然后，点亮另一盏灯，这时我们就会看到，鸡蛋剪影的边缘变亮了，鸡蛋的内部却黯淡了下去，里面有一个小鸡雏的影像。如图90所示。

其实，这只是一个魔术，原理也非常简单：我

图 90　X 射线透视魔术

们事先在第二盏灯的前面放了一个小鸡雏的纸片，在点亮这盏灯的时候，这个纸片的影像就投射到了荧幕上。不过，我们必须提前调整好角度，让小鸡雏的影像刚好跟椭圆形纸片的影像重合。

至于鸡蛋影像的边缘为什么会亮，是因为小鸡雏的周围被第二盏灯照亮了，重合到鸡蛋的影像上，我们就看到鸡蛋的外面比中间亮一些。站在荧幕前面的人，并不知道这一切，倘若对物理学和解剖学知识毫不了解的话，还会真的以为有 X 射线透过了鸡蛋呢！

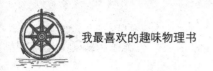
搞怪的照片

如果照相机不用玻璃镜头，还能照出照片吗？答案是：可以。只不过，没有玻璃镜头，照出来的照片不是那么清晰而已。我们可以通过一个实验，来验证这一点。

先制作一个窄缝镜箱，用两条窄缝来替代照相机上的小圆孔。通过这个镜箱，我们会看到有趣的影像。在镜箱的前端有两个窄缝的活动纸板，一个纸板上面的窄缝是竖直的，另一个纸板上面的窄缝一个是水平的。如果把这两个纸板叠在一起，中间就会有一个小孔，透过这个小孔我们能得到正常的影像。但是，如果把两个纸板移开一些，虽然也能看到影像，但是影像却是变形的，如图 91 和图 92 所示。这样的照片，看起

图 91　用窄缝镜箱拍出的搞怪照片

图 92　不同方向的搞怪照片

来很搞怪。

这是怎么回事呢?

如 图 93 所示,让我们来分析一下。把水平窄缝放在竖直窄缝的前面,光从 D 上的竖直

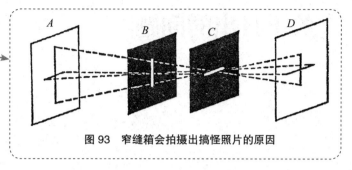

图93　窄缝箱会拍摄出搞怪照片的原因

线照射到水平窄缝 C 的时候,跟普通的小孔是一样的,后面的竖直窄缝 B 不再起作用,也就是说,最后在 A 上形成的影像跟竖直窄缝 B 没有关系,只取决于水平窄缝 C 和 A、D 的距离。

如果窄缝 B 和窄缝 C 的位置不变,D 上的水平线映在 A 上,又会是什么样呢?结果就是,跟 D 上的竖直线映出来的形状完全不同。水平线通过窄缝 C 的时候,没有受到遮挡,全都透了过去,照射到窄缝 B 的时候,光线就好像通过小孔一样,在 A 上映出的像跟水平窄缝 C 没关系,只跟竖直窄缝 B 和 A、D 的距离有关。

这就是说,如果窄缝 B 和窄缝 C 的

位置按照图 93 的样子放置,那么,对于 D 上的竖直线来说,窄缝 B 没有任何意义,而对于 D 上的水平线,窄缝 C 也不起作用。由于窄缝 C 比窄缝 B 距离 A 远,所以 D 上的竖直线在 A 上成的像更大一些,D 上的水平线在 A 上成的像小一些。反过来的话,就会得到相反的情形,水平线成的像比会竖直线成的像更大一些。要是把两个窄缝倾斜一个角度放置,还会得到另一种扭曲的影像。

所以,只要不断变换窄缝 B 和窄缝 C 的位置和角度,我们就能得到各种不同的搞怪照片。有时,这些照片和歪曲的图案还能用来作为装饰。

关于日出的问题

光的传播速度很快，但是如果光源很远，它传播到我们的眼睛，还是需要一定时间的。太阳光照射到地球的时间大约为 8 分钟，也就是说，如果我们 5 点钟看到日出，那么在 8 分钟之前，也就是 4 点 52 分，太阳就已经在那里了，只是我们还没有看到。倘若光的传播不需要时间，瞬间就能抵达地球，那我们看到的日出时间就应该是 4 点 52 分，你认为这个说法正确吗？

其实，这个说法是错误的。下面，我们就来具体分析一下。所谓日出，就是在地球上的某一点看见了太阳光，是地球从没有太阳光的地方转到了有太阳光的地方。所以，尽管光的传播需要时间，但日出是瞬时的，在我们所处的那个经纬度上，我们看到日出的时间依然是 5 点钟，而不是 4 点 52 分。

需要说明的是，我们生活的大气层对光线有折射作用，这种折射会让光在传播的过程中产生弯曲。所以，我们看到日出的时候，通常比太阳从地平线升起的实际时间要早。如果光的传播是瞬时的，就不会有光的折射问题。因为，光在不同的介质里传播的光速是不一样的，所以形成了折射，倘若光能瞬时传播，就不存在光速不同的问题，折射也就不存在了。在没有折射的情况下，我们看到日出的时间会比正常情况下更迟。

如果我们用望远镜直接看太阳，那情况就不同了。通过望远镜，我们能观察到日珥，如果光的传播是瞬时的，我们确实能在 4 点 52 分看到日光，可那跟我们说的日出是两回事。

Chapter7

光的反射与折射

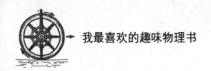

看穿墙壁

19 世纪 90 年代，爱克斯光机非常流行。当时，我还在上学，第一次见到这个巧妙的发明时，真是觉得它很神奇：这个管子居然可以隔着不透明的物体看到后面的东西！我借助这个装置，不仅隔着厚纸，还跟着真正伦琴射线都无法穿透的刀刃，看到了后面的东西。

如果不知道它的原理，会觉得很不可思议，但若知道了它的构造，你就会明白，它其实一点也不复杂。如图 94 所示，这个所谓的"爱克斯光机"结构很简单，就是在管子里放了四个倾斜的镜子，通过光的反射，把后面物体的影像传到了前面。

图 94　所谓的爱克斯光机

潜望镜也是运用这一原理制造出来的，如**图95**所示，无须探出头来，士兵们就能在战壕里借助它看到外面的敌人。

用潜望镜观察东西的时候，光线在潜望镜里反射的距离越长，我们看到的视界就越小。如果想看到更广阔的视界，就需要在潜望镜里加一些镜片。然而，玻璃和其他介质一样，也会吸收光线，导致看到的影像不那么清晰。

在潜水艇上观察敌军的舰船，也少不了潜望镜，如**图96**所示。不过，这种潜望镜的主体结构是一根长长的管子，管子的上部露在水面上。与普通的潜望镜相比，它相对来说更复杂一些，但原理是一样的。光线依然是从管子上面的平面镜或三棱镜反射到下面的管子里，然后沿着管子到达另一个平面镜或三棱镜，最后反射到观察者的眼里。

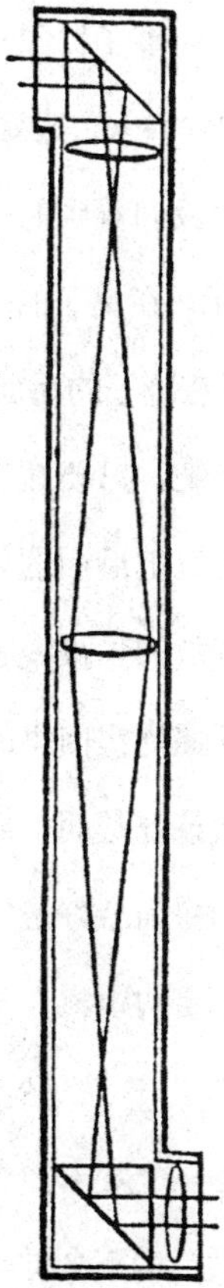

图95　第一次世界大战时使用的潜望镜

图96　舰船上的潜望镜的示意图

砍掉的脑袋还能说话

到博物馆和蜡像馆参观的时候，你可能会看到这样的表演：一张小桌子上放着一只盘子，盘子里放着……一个活人的脑袋，能够眨眼、说话、吃饭！虽然你不可能靠近桌子，看依然能够用肉眼看清，桌子底下什么都没有！如果没有心理准备的话，看到这样的场景还真的会吓一跳。如果这是被砍掉的脑袋，它为什么可以眨眼、说话、吃东西呢？

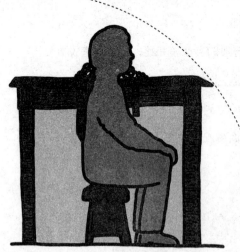

图97 "被砍掉"的脑袋

其实，盘子里的脑袋当然不是真的被砍掉了。只要你揉一个纸团扔到桌子下面，就知道是怎么回事了！因为你扔出去的那个纸团会被弹回来。这就是说，桌子的下面并不是像我们看到的那样空空一片。如图97所示，在桌子的下面，有一圈镜子，人就藏在镜子的后面。

现在，你知道了吧？只要在桌子腿之间放上镜子，就可以把后面的人挡起来。但这也不是随意放的，放镜子的时候，千万不能让镜子照到房间里的人或其他东西，并且地面最好是同一颜色，不能有花纹这类的。房间最好是空的，桌子的外围要隔出一定的距离，不能让观众离桌子太近了。

说到底，这就是一个魔术。当我们知道了镜子的存在后，就不会觉得它很神秘了。事实上，魔术师还可以让这个表演更加精彩。比如，他可以先展示一张空桌子，让我们看到桌子上面和下面都没有东西。接着，他拿起一个盒子，盒子的大小只能够装下一个人的脑袋。实际上，那里面什么都没有，但他会告诉你，里面有一个人的脑袋。然后，他把盒子放到桌子上，并在桌子前面挡上一块布，把布撤掉后，拿掉盒子，桌子上就出现了一个活的人头。

我们已经知道了，魔术师用布遮挡的时候，桌子下面的人把头伸到了盒子里。所以，当魔术师拿掉盒子的时候，才会出现一个活的人头。如果开动脑筋的话，这个魔术还可以有各种各样的变化形式，在此我们就不一一列举了。

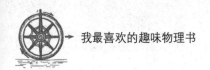

我们在镜子里面看见的是谁

看到这个问题时，很多人一定会说：我们在镜子里看到的，当然是自己了！这还有错？

这个回答对不对呢？让我们来验证一下。如果你的右脸上有一块斑，但镜子里的你，右边脸上却是干干净净的，原本在右脸上的斑，在镜子里却跑到了左脸上。再如，你抬起右手，镜子里的你却抬起了左手；你眨了一下右眼，镜子里的你却眨了一下左眼；你在左边的上衣兜里放了一根笔，镜子里的你却把笔插到了右边的衣兜里。总之，所有的动作在镜子里都是反着的。如果通过镜子看墙上挂着的钟表，钟表上的数字也是反着的，如图98所示，数字的顺序也变得乱七八糟的，看起来很奇怪。不仅如此，钟表的指针走动方向也跟我们平时看到的相反。

继续观察镜子里的自己，你还会发现更有趣的现象。比如，你会发现，镜子里的自己是一个"左撇子"，不管写字还是吃饭，全都用左手，如果你伸出右手想跟"他"握手，他伸出的也是左手。倘若你用笔在纸上写字，镜子里的"你"也会写字，但写出来的字却是歪歪扭扭的，看起来根本不像字。所以，通过镜子，我们根本不知道那个"你"到底会不会

图98 反着的钟表

写字。

现在，你还觉得镜子里的那个人，和你完全一样么？

如果你确信的一样话，很多时候你会把自己搞糊涂。对大多数人来说，身体是不完全对称的。也就是说，我们的左边和右边并不完全相同，照镜子的时候，身体左半部分的一些特点会"移植"到右半部分，镜子里的"你"和本身的你，根本不一样。

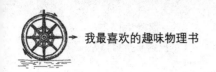

对着镜子画画

镜子里的影像和物体本身是不一样的,这一点我们可以通过一个实验来印证。

如图 99 所示,竖直的镜子前面放着一张桌子,桌子上铺着白纸,镜子前面坐着一个人,他在白纸上画画。不过,他并没有看手上的白纸,而是对着镜子画。他画了一个长方形和它的对角线。

这个图形非常简单,但是这个人似乎根本完成不了。这是怎么回事呢?

图99　对着镜子画画

一直以来,我们的视觉和运动感觉之间已经达成了某种默契,可遇到了镜子,这种默契就被打破了。镜子把我们手上的动作完全变了样,跟我们视觉看到的全都不一样。在镜子里,我们的动作变得很奇怪,明明想向右边画一条线,手却不由自主地向左边移动。

如果看着镜子画比较复杂的内容,或者是写字的话,结果就更让人大跌眼镜了。画出来的东西根本就是一团糟,什么也不像。

如果我们用吸墨纸吸印文字,吸印出来的文字也是反着的,根本没法看,这和镜子的原理是一样的。可是,如果把吸印出来的字放到镜子前面,再从镜子里面看,这些字就变成正常的了。这是因为,刚刚反着的字在镜子里又被反过来,所以我们就能正常读出这些字。

最短路径

在同一种介质里，光是沿直线传播的，也就是按最短路径传播。不过，当光无法从一个点直接到达另一个点，而是要经过镜面反射才能到达的时候，光同样会选择最短路径。

如图 100 所示：假设图上的 A 代表光源，MN 代表镜子，ABC 代表光从蜡烛到人眼 C 走过的路径，KB 垂直于 MN。依照光学定律，入射角 1 等于反射角 2，由此可知，从点 A 到镜面上的某一点，然后从这一点再到 C 的所有路径里，ABC 是最短的。

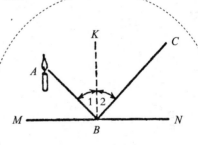

图 100　入射角 1 和反射角 2 相等

如图 101 所示，在 MN 上随意选取一个点 D，比较一下图中的 ABC 和 ADC，哪个路径长，哪个路径短？我们可以从点 A 向 MN 作垂线 AE，并延长至 F，F 是 CB 的延长线与 AE 的延长线的交点，然后连接 DF 和 BF。通过三角形知识，我们可以证明，三角形 ABE 和三角形 FBE 全等，且它们都是直角三角形，有一个公共的直角边 EB。由角 1 等于角 2，可以推导出角 ABE 等于角 FBE，所以，三角形 ABE 和 FBE 是全等三角

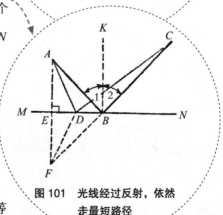

图 101　光线经过反射，依然走最短路径

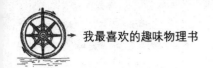

形。于是，AB 等于 FB，AE 等于 FE。依据同样的推导过程，我们可得知，三角形 AED 和三角形 FED 也是全等三角形，所以 AD 等于 FD。

我们可以把路径 ABC 替换为与之相等的路径 FBC，把路径 ADC 替换成 FDC。比较路径 CBF 和 CDF 的长度，很明显，直线 CBF 比折线 CDF 要短。

所以，路径 ABC 短于 ADC。

无论点 C 在什么位置，只要反射角和入射角是相等的，路径 ABC 永远短于路径 ADC。这就表明，光线从点 A 照到镜子上，再反射到人的眼睛 C，所走过的路径 ABC 是最短的。公元前 2 世纪，希腊亚历山大的机械师、数学家西罗就证明了这一结论。

乌鸦的飞行路线

现在，你已经知道了如何寻找最短路径，那么下面这个问题就难不倒你了。

如图 102 所示，树枝上站着一只乌鸦，树下面散着不少的谷粒，乌鸦想飞到地上吃谷粒，再飞到对面的栅栏上。那么，乌鸦应该按照什么样的路线来飞，才能实现飞行路径最短呢？

图 102　求乌鸦飞到栅栏的最短路径

图 103　乌鸦的最短路线图解

通过前一节的学习，我们知道，这个题目可以运用光从镜子上反射的原理来解决。只要我们把地面当成一面镜子，乌鸦按照光的路径飞，也就是使角 1 等于角 2，它的飞行路径就是最短的，如图 103 所示。

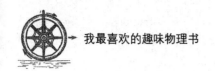
关于万花筒的老故事和新故事

如图 104 所示，这是很多人小时候都玩过的玩具——万花筒。在里面放上各种颜色、形状的小碎片，经过两块或三块平面镜反射，形成美丽的图案，随着万花筒轻轻地转动，图案也会不断地变化。虽然大家对万花筒并不陌生，但很少有人想过，万花筒能够变出多少种图案来？假如一只万花筒里有 20 块玻璃碎片，每分钟转动 10 次，要把里面的所有图案看一遍，得花费多长时间？

这个问题是不是很难回答？如果单凭想象，真的难以给出正确答案。有人粗略地计算过，要看遍万花筒中所有的图案，得不停地把它转上 5 千亿年以上！利用万花筒的这一特性，装潢艺术家们创造出众多令人惊叹的图案，用在了制造墙纸和纺织上。

现在，我们已经知道了万花筒的原理，知道它没有什么神奇的地方。可是，在 100 多年以前，它刚刚诞生的时候，人们对它充满了兴趣，还写了不少的赞美诗。俄国寓言作家依思迈依洛夫，特别喜欢万花筒，他在 1818 年 7 月出版的《善意者》里，对万花筒进行了生动的描述：

我手上有一个万花筒，是千辛万苦

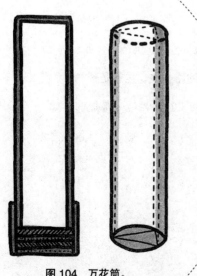

图 104　万花筒。

才得到的，它简直太神奇了！

当我望向里面时，看到了奇妙的景象。在各种各样的图案里，我看到了红玉、黄玉、青玉，还看到了钻石、紫水晶、玛瑙、珍珠，等等，随便转动一下方向，又能看到新的图案。

无论是什么样的文章，都难以写出万花筒里所有的图案和美景。只要用手转动一下，万花筒里的图案就会变化，而且每一种图案都不一样。若是能把这些图案绣出来就好了，可要到哪儿去找这么多绚丽的丝线呢？这简直是打发无聊时光的最好消遣了。

最后，这个作家讲了一个很有趣的笑话，用那个时代特有的嘲讽语调，结束了文章：

罗斯比尼是著名的皇家物理学家、机械师，他制造了性能卓越的光学仪器，其中就有万花筒。他制作的万花筒，每只卖20卢布。毫无疑问，买万花筒的人，比喜欢听他讲物理课和化学课的人多得多，但是，罗斯比尼却没有从讲座中得到任何好处，这简直太遗憾了。

万花筒发明后的很长一段时间里，都只被当成玩具，没有人想到它还有其他用途。现在，人们经常用它来画漂亮的图案，并能把万花筒里的精美图案应用在日常生活中的各种物品装饰上。

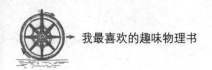
魔幻宫殿

前面说过，万花筒里的图案可以应用到生活中，那么，你有没有想过，变成万花筒里的玻璃碎片呢？如果可以成真，会看到什么样的景象呢？

1900 年的巴黎世界博览会上，有一位观众就体验了一把。当时，博览会建造了一座魔幻宫殿，近似于一个大的万花筒。这座宫殿是一个六角的大厅，在大厅里面的每一面墙上都镶着一块光亮的大玻璃镜子，一直到墙的顶端。在大厅的角上，都竖着一根柱子，墙的顶端和天花板连在一起。观众们走在这座宫殿里，看到的是无数个大厅、无数根柱子和无数个自己。虽然身在其中，却不知道到底哪一个才是真正的自己，而且这个大厅、柱子和人从四面八方包围着他，一直延伸到看不见的地方。

如图 105 所示，有六个大厅画着横线，12 个大厅画着竖线，18 个大厅画着斜线。画横线的大厅是一次反射的结果；在经过两次反射后，会得到画着竖线的六边形，也就是又多出 12 个大厅；第三次反射又会增加 18 个大厅。每次反射后都会使大厅的数量增加，大厅的总数取决于镜子的平整度，以及六棱柱大厅中两个相对棱面上镜子的平行度。有人观察过，经过 12 次反射后

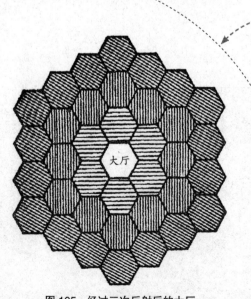

图 105　经过三次反射后的大厅

形成的大厅还能够看得见。此时，视野中一共会有 468 个大厅。

了解光的反射定律，我们就可以知道为什么会出现这样的情景。在这座大厅中，一共有 3 对平行的镜子和 10 对互成夹角的镜子，还有 12 对不平行的镜子，所以才产生了这么多次的反射。在那次博览会上，还有一座更奇妙的魔幻宫殿——除了有多次光的反射，还可以瞬间变换景象，就像我们手里的万花筒一样，参观者身在其中很是有趣。

这座奇妙的魔幻宫殿里，墙上的每一面镜子都经过了特殊的处理。在离墙角不远处的地方，镜子被竖直割开，这样墙角就能绕柱子旋转，如图 106 所示。我们能够看到，通过旋转墙角 1、2、3 的位置，会出现三种变化。

如图 107 所示，在墙角 1 布置了热带雨林场景；在墙角 2 布置了一个阿拉伯宫殿的场景；在墙角 3 布置了一个印度庙宇的场景。只要转动墙角上的机关，就能把大厅的景象变成这三种不同的景象。但是，不管它们怎么变，原理都是光的反射。

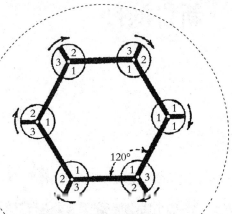

图 106　魔幻宫殿的原理

图 107　魔幻宫殿解密

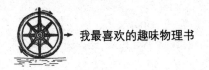

新鲁滨孙

儒勒·凡尔纳写过一部名叫《神秘岛》的小说，讲述的是几个人在荒岛中生存的故事。其中有个一情节是，如何在没有火柴和打火机的情况下生火？我们都知道，鲁滨孙借助闪电，烧着了一段树枝，然后生了火。然而，在《神秘岛》里，博学多才的工程师却是利用自身的智慧和物理学知识生火的，并不是靠偶然的闪电。如果你看过这部小说，一定还记得这一段精彩的描述：

打猎回来的潘科洛夫水手看到了惊人的一幕，工程师和通讯记者正坐在燃烧的火堆旁烤火。

"你们是怎么生的火？"潘科洛夫问。

"太阳。"通讯记者史佩莱回答。

史佩莱没有说谎，这火堆确实是太阳点着的。但是，这依然让潘科洛夫感到惊讶，他甚至忘了问工程师到底发生了什么事。

"你带放大镜了吗？"潘科洛夫问。

"没有，不过我做了一个。"说完，史佩莱就拿起来一个东西。

潘科洛夫一看，这不是两块玻璃吗？而且，这两块玻璃还是从工程师和史佩莱的手表上拆下来的。唯一不同的是，这两块玻璃中间装满了水，接合处用泥封了起来。这确实是一个放大镜。就是利用这个放大镜，他们才点燃了地上干燥的苔藓，生起火堆。

你一定纳闷：为什么要在两块玻璃中间装上水呢？如果不装水会怎么样？

是的，不装水是无法成功的。两块玻璃的两个表面是平行的，而且都是同心的球形凹面。从物理学原理上讲，光在射过这块玻璃的时候，基本上不会改变方向。如果不装水的话，就会射过另一块玻璃，直接穿出来，难以聚焦在一个点上。如果装满水，情况就发生变化了，光在穿过玻璃后会发生折射，因为水的折射率比空气大多了。小说里的工程师，就是运用了这一原理。

球形的玻璃瓶也可以用来取火，只要在里面装满水就行。很早以前，人们就发现了这一点，他们还发现，取火后瓶子里的水依然是凉的。还有人粗心大意，把装了水的这种玻璃瓶放在窗台上，结果把窗帘和桌子都烧了。以前的药店里，也经常会看到这种玻璃瓶，里面装着各种颜色的水，用来装饰橱窗。不过，这真的是一个很大的火灾隐患。

实验证实，一只直径 12 厘米左右的小圆瓶，利用太阳光的聚焦，可以把盛在表盘玻璃上的水烧开。如果是直径 15 厘米的小圆瓶，其焦点的温度可达到 120℃。用装着水的圆瓶点烟，就像用玻璃透镜一样轻松。

需要指出的是，用水做的透镜的集热效果，比玻璃透镜差很多。首先，光在水中的折射要比在玻璃中小很多；其次，水会吸收大部分的红外线，而红外线对物体的加热起着至关重要的作用。

在发明眼镜和望远镜之前的 1000 多年前，古希腊人就已经知道了玻璃透镜的聚光作用。当时，有一位叫亚里斯多芬的诗人，他在戏剧《云》中就描写过玻璃透镜取火的情景：

苏格拉底问斯特列普西亚："如果有人写了一张欠条，说你欠他钱，怎样才能把这张欠条销毁呢？"

斯特列普西亚说："我想到了一个好办法，精妙绝伦。你见过药房里把药品烧着的那个透明的东西吗？"

"噢，你说的是'取火玻璃'吧？"

"没错，就是它！"

"那要怎么做？"

"等他写欠条的时候，把它放在他后面，让太阳光穿过去，就把写的字烧掉了，这样就没有证据啦！"

你可能不太理解，我在这里解释一下：亚里斯多芬时代的希腊人，是在涂着蜡的木板上写字的，蜡遇热后很容易熔化。

怎样用冰来生火

不仅玻璃透镜可以生火，如果冰足够透明，它也可以作为制造双凸透镜的材料用来取火。冰在折射阳光的时候，本身不会变热融化。冰的折射率只比水略小，既然盛水的圆瓶都能生火，冰块透镜自然也可以。

儒勒·凡尔纳的小说《哈特拉斯船长历险记》中，就有一处用冰块做成透镜的情节。当时没有火种，天气十分寒冷，温度达到了 -48℃，但克劳伯尼医生却用冰块燃起了火堆，如图112。

"真的很糟糕。"哈特拉斯对医生说。

"是啊，"克劳伯尼医生说，"我们连一个工具也没有，要是能有一个透镜用来取火就好了。"

"可不是嘛！来的时候竟然忘记了。阳光这么强，有个透镜就能生火了。"克劳伯尼医生说。

"看来，我们只能吃生肉了。"

医生陷入沉思中，又说："是的，从严格意义上来讲是可能的，为什么不这样呢？我们真的可以试一试。"

"你在想什么？"哈特拉斯问道。

"我有一个主意。"

"到底是什么？快说啊！"

"我们可以自己做一个透镜……"

"什么？用什么做？"

图112 医生把太阳光聚集在一起

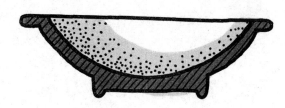

图 113　用冰制成的透镜

"冰块！"

"这……可以吗？"

"为什么不行？我们的目的就是把太阳光聚集到一起。你们看，这里的冰块就像水晶一样，如果能找到一块淡水结成的冰块，就更好了，它透明度高又结实。"

"快看，那里有一块。"水手指着远处的一块大冰块说，"那肯定是我们需要的。"

"没错，走，带上斧头。"

三个人来到了那个冰块旁边。果然，冰块是淡水结成的，又大又透明，直径有一英尺大小。医生跟他的朋友们从这块大冰块上砍下来一小块，先用斧头砍平，然后用小刀修，最后在石头上磨。就这样，他们做成了一个透明度非常好的透镜。趁着阳光正好，医生把冰透镜放在阳光下，再用火绒与阳光相接。果然，没一会儿工夫，就点着了。

小说中的这一情节在现实中也发生过。1763 年，英国就有人用冰块做成的透镜生过火。只不过，当时他们用的冰块比小说中的大多了，而且从那以后，人们又进行过多次这样的实验，都成功了。需要指出的是，在 −48℃ 的天气里，只利用斧头和小刀取冰块，难度太大了。如果不是在这样恶劣的环境下，我们可以很简单地就做成一个冰透镜，如图113所示。

把水倒进一个碟子，放到 0℃ 以下环境下让水结冰，再热一下碟子，就做好了。

另外，在用冰块做的透镜进行取火实验的时候，一定要选择阳光充足且气温较低的露天里做，不能在房间里隔着玻璃做。因为，玻璃会吸收掉大部分太阳光的热能，实验很难成功。

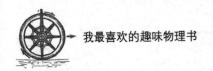

借助阳光的力量

我们再来做一个实验。冬天下雪之后，拿两块同样大小的布，一块白色的，一块黑色的，分别盖到雪上面。几个小时后，你会发现，黑色的布已经陷进了雪地里，白色的布却还在原来的位置上。很明显，黑布下面的雪融化得快，因为黑布吸收大部分照射在上面的阳光，而白布却把大部分的阳光反射出去了。

第一个完成这个实验的人，是美国物理学家富兰克林。他是这样描述整个过程的：

"我从裁缝店里找到几块不同颜色的布，在一个晴朗的早晨，我把它们放到雪地上。过了几个小时，我发现陷进雪地里最深的是黑布，说明它受热最多，其他颜色的布各有不同。颜色越浅的布，陷进去得也越浅，特别是白色的布，几乎没有任何变化，跟最初放上去的时候一样。

"如果不能从一个理论中获得益处，那这个理论就没有任何意义。通过这个实验，我们可以得出一个结论，那就是在温暖的晴天，穿黑色的衣服不如穿白色的衣服合适；在寒冷的冬天，穿深色的衣服能更多地吸收太阳光的热能。另外，如果把墙壁涂黑，是否也能吸收太阳光的热能，这样到了晚上的时候，还能有一定的热量帮我们保护房间里的东西不被低温冻坏？我想，我们还能找到更多应用来体现这一理论的价值。"

不得不说，这个理论确实有很大的现实用途。1903年，一艘轮船到南极考察。结果，轮船陷进了冰里，当时用了各种办法都不奏效。最后，有人想了一个主意，在轮船前面的冰上，用黑灰和煤屑铺了一条长2千米、宽10米的"大道"，一直到最近的一块裂冰上。当时天气特别好，太阳光充足。没过几天，冰就开始融化了，那艘轮船也脱险了。

关于海市蜃楼的旧知识和新知识

你一定听说过海市蜃楼，相必也清楚它的成因：沙漠里的沙子被太阳暴晒后，像镜子一样反射阳光，接近沙子的空气会比上层的空气热很多，导致它的密度减小。这样一来，远处物体斜射过来的光线，在到达这个热空气层后产生折射，传播路线改变，重新远离地面，进入我们的眼睛，就像是以一个极大的入射角被镜子反射回来一样。在我们看来，就好像面前的沙漠中有一片平静的水域，映射着周围的景物，如图114所示。

准确地说，沙地表面炽热的空气不是像镜子那样反射光线，而更像是从水底向上看向水面。这里发生的反射不同寻常，属于物理学中的"内反射"。要产生这种内反射，光线必须以非常斜的

图 114　海市蜃楼的原理

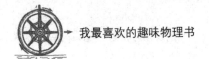

角度进入热空气层，比图 114 所示的倾斜多了。如果入射角不够大，就很难达到临界值，也就无法实现"内反射"。

关于海市蜃楼的原理，有一个地方很容易令人产生误解。我们知道，在形成海市蜃楼的地方，密度大的空气在上面，密度小的空气在下面。这就是说，如果密度小的空气在密度大的空气下方，密度大的空气就会向下流动。既然如此，那海市蜃楼里为什么密度小的热空气能够停在密度大的空气下面呢？

其实，这一点很容易解释：在静止的空气中，不可能存在我们要求的那种空气层分布，但在不断流动的空气中，是有可能存在的。被地面加热的空气会不断上升，地面处的空气被新的热空气替代。这种不间断的替换，会使炽热的沙地表面总有一层稀薄的空气，虽然不是原来的那些空气，但对于光线传播来

说，又有什么区别呢？

在气象学上，人们把海市蜃楼称为"下现蜃景"。实际上，还有一种"上现蜃景"，这种海市蜃楼是因为上方的空气密度小，发生反射而成的。很多人认为，这种情况只可能出现在南方这种特别炎热的沙漠地带，其实不然。比如，在炎热的夏天，颜色较深的柏油路被太阳炙烤后，路面看上去就像洒了一层水，倒映着远方的物体，如图 115 所示。

还有一种"侧现蜃楼"的现象，呈现出的是侧面的景象。这种现象是侧面的墙壁受到炙烤，发生反射形成的。曾经有一位作家描述过这种景象。在经过一座城堡的炮台时，他发现，平整的炮台混凝土墙壁突然变得闪闪发光，就像镜子一样把周围的景色全都照了出来。继续往前走，炮台的另外一面墙壁也有同样的变化，原本凹凸不平的墙面变得

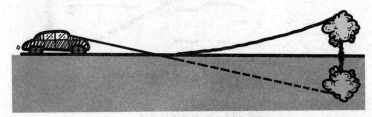

图 115　在柏油路上看到的海市蜃楼

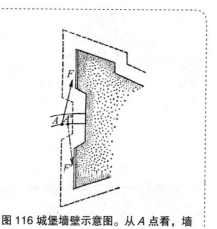

图 116 城堡墙壁示意图。从 A 点看，墙壁 F 很像镜子；从 A' 点看，墙壁 F' 也像镜子

机拍下来。

我们用 F 表示城堡的墙壁，如图 117 所示。最初，墙壁是凹凸不平的，后来却变亮了，就像镜子一样。这是我们从 A 点拍摄的效果。在左图中，我们看到的是一面普通的墙壁，没有任何反射现象，所以也不可能映出人形。而在右侧的图上，我们看到的还是刚刚的那面墙，但是亮了很多，就像镜子一样，所以映照出了离它较近的那个人形。这一现象的原理，跟前面一样，也是因为靠近墙壁的空气被烤热了。夏天比较热的时候，如果你仔细观察，这种现象在那些比较高大的建筑物墙壁上，还是很容易看到的。

非常光滑。原来，那天气温很高，墙壁被晒得很烫，才形成了这样的景观。如图 116 所示，F 和 F' 分别代表城堡的两堵墙，A 和 A' 分别代表作家所处的位置，这一景观不仅能用肉眼看到，还能用相

图 117　凹凸不平的墙壁（左图）仿佛突然变得光滑，能映照出周围事物（右图）

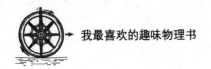

"绿光"

你有没有在海上看过日落？如果你看过的话，肯定会注意到这样一个现象：在万里无云的晴天，日落的时候，太阳的最上端跟水平面齐平的瞬间，太阳的光线一下子就变成了绿色，而不是红色，且颜色特别鲜艳，非常漂亮。就算是世界上最顶级的画家，也无法调出那一抹艳丽的绿色。在自然界里，我们也不可能看到那种绿色。

这种现象最初发表在英国的一份报纸上。儒勒·凡尔纳的小说《绿光》里，年轻的女主人公也是对这种现象感兴趣，才到世界各地旅行，去亲自寻找机会去看一下这种光。遗憾的是，这位女青年没有实现她的心愿。不过，这种现象是真实存在的，不是杜撰的。只能说，这个女青年运气不够好，没有碰见罢了。

为什么会出现"绿光"

如果你曾经透过玻璃三棱镜看物体，你就会明白其中的奥秘。我们不妨先做一个实验：找一个三棱镜，底面向上放到眼睛前面，透过它观察贴在墙上的白纸。这时，你会发现，这张纸的位置比实际的位置高出许多，而且白边的上面出现了一条紫蓝色的光带，下边出现一条黄红色的光带。白纸位置变高是光的曲折引起的，白纸变色是色散引起的。因为对于不同颜色的光线，玻璃的折射率是不同的。相比其他颜色，紫色光和蓝色光的折射率更大一些，所以白纸的上边变成了紫色；红色是折射率最小的颜色，所以白纸的下边变成了红色。

在这里，我们多说一点彩色光带的问题。白光是由很多种颜色组合成的，光谱上的颜色的总和就是白色。三棱镜有一个很大的特点，就是能把白光分散成光谱上所有颜色的光。白光通过三棱

镜后，被分散成很多颜色，这些颜色按照折射率大小的顺序排列，并且相互重叠。所以，在各种颜色的光中间重叠的部分，看上去仍然是白色的，而两边因为没有其他颜色重叠，就显示出了本来的颜色。

诗人歌德不清楚上述的原理，在做了这个实验后，他还以为发现了新的理论，就写了一篇《论颜色的科学》，来说明牛顿关于颜色的理论是错的。当然，这篇文章几乎全是建立在荒谬的概念上的，他的理论不可能是正确的，三棱角根本无法产生新的颜色。

对我们的眼睛来说，地球的大气层就像是一个巨大的、倒立的三棱镜，我们就是透过这个气体三棱镜观察地平线上的落日的。所以，在太阳的最上端就出现了蓝绿色，而下面出现了黄红色。当太阳高出地平线很多的时候，我们很

难看到这种情景，因为此时的太阳光线比较强，上下边缘的弱光被中间的强光遮住了，让我们无法看到。可在日出和日落的瞬间，太阳的绝大部分光都在地平线以下，所以我们可以很清楚地看到边缘的弱光。

事实上，太阳落山的时候，上端的颜色是蓝色和绿色两种颜色合成的天蓝色。倘若当时的空气很清澈，我们就可以看到蓝光。但是，因为大气有散射作用，蓝光最后会变成一道绿色的边缘。大多数时候，大气都不是透明光洁的，所以蓝色光和绿色光都被散射掉了，我们看到的太阳也只有红色，根本看不到"绿光"现象。

在普尔科天文台，有一位叫季霍夫的天文学家，他对"绿光"做过专门的研究。他说，如果我们可以用肉眼看到太阳下山的时候是红色的，且不觉得刺眼，那么我们肯定不会看到绿光现象。因为，太阳显示出红色，就说明在大气的散射作用下，蓝色光和绿色光都被散射掉了。如果太阳下山的时候是黄白色，且特别刺眼，那么多半都能看到绿光现象。需要说明的是，此时想要看到绿光，

地平线看起来必须要非常清楚，不能有不平的地方，且周边不能有树木和建筑物。这样的条件在海上最容易满足，因此海员们对绿光最为熟知。

所以，想看到绿光，必须在大气非常清澈透明的天气里才行。位于南方的国家，地平线附近的空气比较清透，很容易见到绿光，但是在北方就有些难了。当然，如果碰巧某一天天气也很好，空气比较清澈，北方也能够看到。有人曾经在望远镜里见到过这一现象，阿尔萨斯的两位天文学家对此进行了描述：

在太阳落山的最后一刻，太阳大部分的轮廓还能看到，此时的它很像一个波浪运动着的大圆盘，外面镶着绿色的边。在太阳还没落山的时候，肉眼是看不到这个绿边的。在整个太阳快落到地平线下面的时候，才能够看到。如果用放大100倍的望远镜看，可以看得很清楚。大约在日落前10分钟，就能看到这条绿色的边，它位于太阳圆盘的上半部分，而下半部分则是红色的边。开始的时候，这个光带的宽度很小，随着太阳的下落逐渐增大。在绿色的轮边上面，

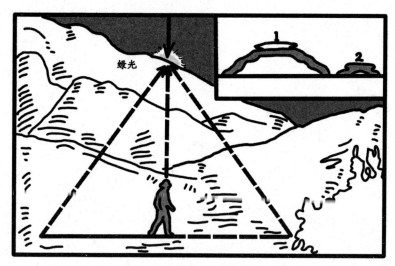

图 118　行走中的人看到的绿光

有时还能看到绿色的凸起，随着太阳的逐渐消失，这些凸起就好像沿着太阳的边缘向最高点爬。有时，这些凸起还会脱离轮边，独自闪亮几秒钟后才消失。

通常，绿光现象持续的时间只有 1 秒钟到 2 秒钟，但在某些时候，它能持续很长时间。曾经有人看到过长达 5 分钟的绿光。如图 118 所示，在很远的山后面，太阳缓缓下落，如果你走得快点儿，就会看到绿色的边像沿着山坡下落一样。

早上，在太阳尚未完全脱离地平线的时候，我们也能看到绿光。所以，绿光不是只出现在日落时。当然，太阳不是唯一有绿光现象的天体，有人发现金星也有这一现象。

Chapter8

一只眼睛和两只眼睛的视觉

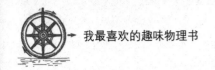

没有照片的年代

照片是我们生活中很常见的东西，但在很久以前，我们的祖先们是没有见过照片的。我们根本无法想象，在那个时代他们是如何生活的。在狄更斯的《匹克威克外传》中，讲述了一个有趣的故事，说的是100年前的英国国家机关如何给一个人画像，这个情节就发生在匹克威克服刑的监狱中。

匹克威克入狱后，有人带他去了一个地方，说要给他画像。

匹克威克说："要给我画像？画坐着的肖像？"

胖狱卒说："没错，我们要把你的肖像画下来，我们这里的画师都很厉害，放心吧，一会儿就好，别那么紧张。"

匹克威克坐下来，他的仆人山姆站在他的椅子后面，对他说："先生，他们让你坐着画像，就是为了看清你的相貌，以便把你和其他人区分开来。"

画像开始了。胖狱卒随便看了看匹克威克，另外一个狱卒在他前面注视着他，还有一个狱卒一直把脸凑在他鼻子面前，仔细地观察匹克威克的相貌特征。

过了一会儿，那几个人终于把匹克威克的肖像画好了，然后对他说："回到监狱里去吧！"

在更早以前，人们还不懂得画像的时候，是通过面貌特征的"清单"来表示一个人的长相的。在普希金的《波里斯·戈都诺夫》里，沙皇在提到格里高利·欧特列皮耶夫时说："他的个子不高，胸脯很宽，两只手不一样长，眼睛是蓝色的，头发是红色的，面颊和额头各有一个痣。"现在，简单地拍一张照片，就什么都解决了。

放大镜的奇怪作用

近视的人可以从普通照片中看出立体感来，那视力正常的人如何通过肉眼看到照片中物体的立体感呢？透过一只双倍放大镜去看照片，视力正常的人就可以看到立体感和纵深感。我们用这种方法看照片时获得的感觉，跟我们平时远距离用两只眼睛看照片时看到的景物，完全不同。用这种方法看普通照片，几乎能达到实体镜的效果。

现在我们就明白了，为何在使用放大镜用一只眼睛看照片的时候，会有立体感。人们很早就知道这个事实，但不知道其中的原因。曾经，一位读者给我们写信，请我们对此做出解释：

我想向你们请教一个问题：为什么用普通的放大镜可以看出照片的立体效果？实体镜的构造原理，根本无法解释这一现象。当我用一只眼睛透过实体镜看东西的时候，看到的总是立体的影像。

现在，读者一定明白，这个事实是不会使实体镜的理论产生丝毫动摇的。

曾经有一种叫"画片镜"的玩具很流行，它就是根据这个原理制造的。透过玩具上面的小孔，我们能看到里面照片的立体效果。我们的眼睛对近景物体的立体效果比较敏感，但对远方的物体的感受就弱一些。为了增强立体效果，玩具制造商总是把近景里的一些物体剪下来，放在靠近小孔的位置，这样我们看小孔里的照片时，就会觉得照片有立体效果。

什么是实体镜

前面我们提到了实体镜，这究竟是什么呢？在介绍实体镜的原理之前，我们必须弄清楚一个问题：看物体的时候，眼睛所成的像都是平面的，可为什么会给我们立体的感觉呢？到底是什么原因，让我们在看物体的时候，产生了立体感呢？

这里面的原因比较复杂。首先，物体的表面都不是平的，总会有凹凸，这就使得物体表面不同位置的明亮程度有差异，从而能够大致判断出物体的形状。其次，在看远近不同的物体时，眼睛所受到的张力不同，而看平面图片的时候，眼睛就不会这样，所以想看清远近不同的东西，眼睛就要不断地"对光"。再次，物体在两只眼睛上所成的像不同，若单独用左眼或单独用右眼，看到的物体形状是不同的，这一点我们都有体会。正是因此，我们看物体时才会有立体感，

具体情形可参考图 119。

如果把只用左眼和只用右眼看到的

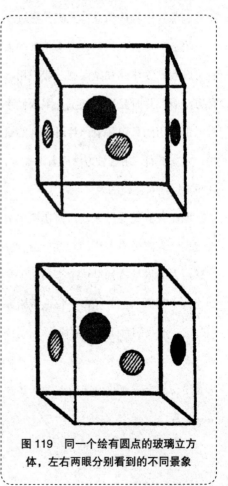

图 119　同一个绘有圆点的玻璃立方体，左右两眼分别看到的不同景象

物体的样子画出来，我们会得到两张不一样的画，可以将其分别放到左右两边。如果可以的话，用左眼看左边的画，用右眼看右边的画，那我们看到的就不是两张画，而是一个立体的物体，并且比用一只眼睛看到的物体立体感更强。

仅仅凭借肉眼，我们很难做到这一点，但是借助某种特殊的工具，就简单多了，这种工具就是实体镜，又叫立体镜。老式的实体镜是用反射镜做的，而新式的实体镜是用凸面三棱镜做的。用这种新式实体镜看图画的时候，光线通过三棱镜后会改变方向，从而使得两个像重叠，产生立体效果。这就是实体镜的原理，看起来很简单，但能产生神奇的效果。

很多人用实体镜看风景照，还有人在研究地理的时候用它看立体模型。后面的章节中，我们还会提到实体镜的一些应用。

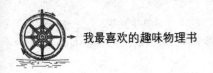
天然实体镜

就算不使用实体镜，仅仅用我们的肉眼，依然能够看出物体的实体图。只是，我们需要对眼睛进行一些训练。掌握了技巧后，就与看实体镜没什么区别了。实体镜的发明者惠斯通，最初用的就是这种自然方法。

这里我给大家推荐几组复杂度逐渐增加的立体图片，建议大家不要使用实体镜，直接用眼睛观看，经过几次练习后，就能掌握技巧了。如图 120 ~ 图126，就是几张实体图，按照由简到难的顺序排列。如果不用实体镜，仅仅凭借肉眼，你能看出来吗？

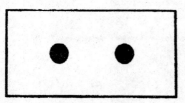

图 120　凝视两个点之间的空白，持续几秒钟，两个黑点会合并成一个

我们先从图120中的两个黑点开始。先把两个黑点放到离眼睛很近的位置，用两只眼睛同时看黑点中间的部分，不能分神，就好像要努力看清黑点背后的什么东西一样。持续几秒钟后，刚刚的两个黑点就会变成四个，且外边的两个黑点会越来越远，中间的两个黑点会越来越近。最后，中间的两个黑点慢慢挨在一起，变成了一个黑点。

如果你能看到两个黑点最后合并成一个黑点，那么，你就可以用同样的方法来看图 121 和图 122 的实体图了。图122 是一根伸向远方的管子的内部。

对多数人来说，这个方法很容易学。如果你是近视眼或远视眼，完全可以戴着眼镜去尝试，只要把图片拿到眼镜的前面，不停地前后移动，找到合适的距离就行了。特别要注意的是，看这种图的时候，光线要充足，这样成功率会

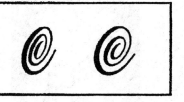

图 121　用同样的方法看，你会发现两个图形融合到了一起

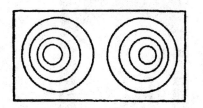

图 122　完成前两个练习后，再看这幅图，你会发现好像看到了一根伸得很长的管子

更高。

通过不断练习，我们不用实体镜也能看出图画背后的立体图形。

如果通过前面的练习，还是看不出立体图形，也可以借助实体镜看。倘若用实体镜也看不到，还可以让远视镜来

帮忙。找一块硬纸板，在中间挖出两个小孔，两个小孔的距离跟两只眼睛间的距离相同，然后把远视镜片放到小孔上，透过这两个镜片看图。同时，在两张并排图画中间隔一张纸片，通过这一装置，就能看到平面图片形成的立体图形了。

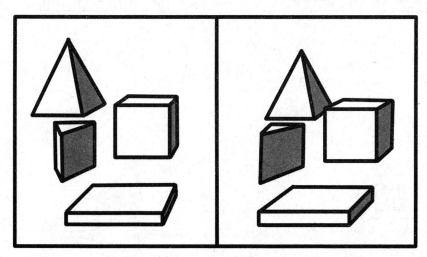

图 123　4 个悬空的几何体

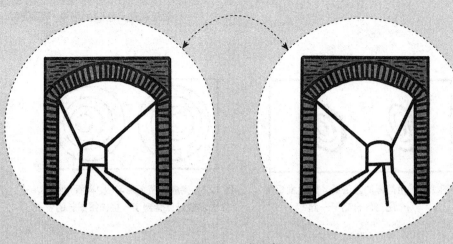

图 124　一条长廊

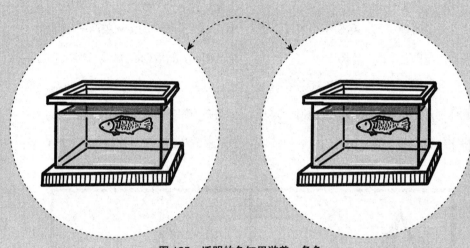

图 125　透明的鱼缸里游着一条鱼

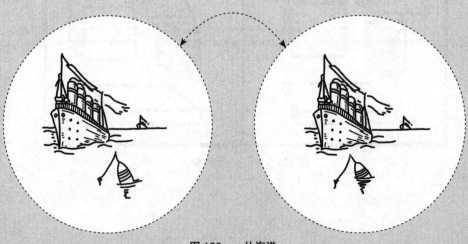

图 126　一片海洋

用一只眼睛看和用两只眼睛看

图 127 是几张照片，左上角的两张图上都有 3 个小药瓶，看上去大小规格都一样，无论从哪个角度看，似乎都一样。但实际上，它们之间差了很多。它们之所以看起来一样，是因为每个瓶子离我们的眼睛距离不一样，或者说，每个瓶子距离相机的距离不同。大点的瓶子离得远，小点的瓶子离得近。但究竟哪一个离得远，哪一个离得近，却也不容易分辨出来。

借助实体镜，或是利用我们前面讲的办法，就能很容易分辨出来，最右边的小瓶离得最远，中间的小瓶其次，左边的小瓶距离最近。图 127 右上角画出

图 127　左边的图是两只眼睛看到的，右边的图是从实体镜中看到的

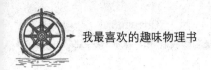

了这三个瓶子的实际大小。

接下来，我们看看图127下方的图片。图中有两只花瓶、两支蜡烛和一座时钟，两只花瓶和两支蜡烛的大小看起来一模一样。其实，它们的大小有很大差别，左边的花瓶几乎是右边的花瓶的两倍大，左边的蜡烛比时钟和右边的蜡烛矮很多。如果我们用前面讲过的方法

看这些照片，立刻就能发现其中的原因：这些物体不是排成横队的，而是放在不同的距离上，大物件放得远，小物件放得近。

综上所述，我们可知，用"两只眼睛"观看立体图片或实物，比用"一只眼睛"看照片获得的立体效果好。

巨人的视力

当物体距离我们超过 450 米时，我们的两只眼睛就不足以产生视觉上的差异。因此，远处的建筑、山峦、景物，看起来就是平面的。同样，我们觉得所有的天体都离我们一样远，但其实月亮要比太阳系的星星近得多，而这些星星到地球的距离和其他恒星比起来，却是微不足道的。

这就是说，当物体与我们之间的距离超过了 450 米时，我们就没有办法用肉眼看到它的立体影像。因为，它在我们的两只眼睛中的影像是一样的。

不过，这个问题很好解决：在两个不同的地点进行拍摄，只要这两个地点之间的距离远大于我们两只眼睛间的距离就行了。用这个办法拍摄出来的照片，再用实体镜去观看，就能看出远处物体的立体影像了。很多立体的风景照就是用这个方法拍出来的。通常，实体镜中都装有凸面的放大棱镜，所以这些立体照片在我们眼中会变得跟原物大小一样，那种效果是很令人惊叹的。

我想，有的读者一定想到了，我们是不是能制造一种由两个望远镜组成的仪器，让我们能够直接看到具有立体感的实体景物，而不是在照片中观看？其实，这样的仪器早就出现了，那就是立体望远镜，如图 128 所示。两个分离的镜筒，镜筒之间的距离远远超过我们的瞳孔间距，两边的像经过反射棱镜进入我们的眼睛。当我们用这种立体望远镜看远方的物体时，感觉非常震撼：远处的山不再是一片模糊，而是有棱有角，凹凸不平；远处的房子、树木、海上的轮船都变得很有立体感，就好像置身于一个宽广的立体空间里，甚至连轮船运动时的样子都能看清楚。在立体望远镜没有发明之前，这种景象恐怕只有在神

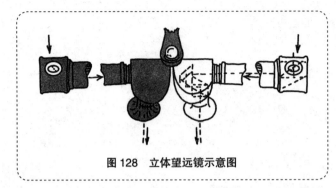

图 128　立体望远镜示意图

立体望远镜中依然有很强的立体感。

这种立体望远镜在现实中得到了广泛的应用，出海的海员、炮兵以及旅行家，经常会用到它，特别是那种带有刻度、能用来测量距离的立体望远镜，用途更广。

话故事里才会出现。

通常来说，普通人两眼之间的距离约为 6.5 厘米，但立体望远镜两只镜筒之间的距离是人眼间距的 6 倍，也就是 6.5×6＝39 厘米，如果立体望远镜的放大倍数是 10，那么用这副望远镜看到的景象就会比用肉眼看到的景象凸出 60 倍。就算是远在 25 千米以外的物体，在

如图 129 所示，有一种立体望远镜是用棱镜制成的，它的物镜间的距离比人眼之间的距离大。戏剧镜刚好相反，它把物镜间的距离缩小了，削弱了舞台上的立体感，使舞台上的布景显得更逼真一些。

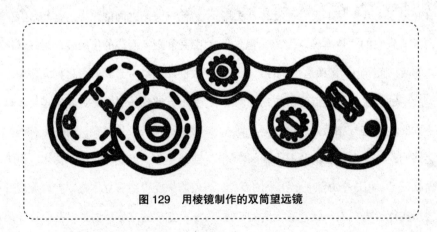

图 129　用棱镜制作的双筒望远镜

实体镜中的浩瀚宇宙

如果我们用这种立体望远镜对准月亮或其他星体，我们不可能感觉出立体效果。这是因为，这些天体距离我们太远了。我们知道，立体望远镜两个物镜之间的距离只有30至50厘米，与地球和星体之间的距离相比，显然太短了。就算我们能够制造出一个物镜间距达到几十千米，甚至几百千米的立体望远镜，用来它来观察距离我们几千万千米的星体，依然是不可能看出立体效果的。

那么，有没有其他的办法呢？当然有，我们可以用天体的实体照片来观察。比如，在不同的时刻用照相机拍下天体的照片，两张照片虽然是在地球上同一地点拍的，但对于整个太阳系来说，就相当于在太阳系中两个不同地点拍的，因为地球在这一昼夜时间里已经在自己的轨道上运行几百万千米了。显然，两张照片是不可能完全一样的。如果用实体镜来看这两张图片，我们就能看到天体的立体影像。

利用地球的公转，我们可以从两个不同的地点来拍摄天体，这样就能获得天体的立体照片。此时，地球就好比是一个巨人，它两眼之间的距离有上百万千米。天文学家就是利用这一原理，在不同时间拍摄天体照片，来观察天体的立体影像的。

以月球来说，它是离我们最近的天体，通过观察它的立体照片，我们能够看到月球凹凸不平的表面，就像有人在它的表面用刻刀刻过一样，非常有立体感。而且，我们能够利用这些凹凸，测算出月球上某一座山的高度。

利用实体镜，我们还能发现新的行星。比如，在火星和木星之间的一些小行星，之前人们还只能在偶然间发现它们，如今却可以利用实体镜，"捕捉"

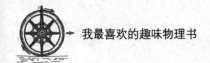
它们的身影，在某一时刻拍出来的照片恰好有小行星或是没有，通过两者对比来发现小行星的存在。

通过实体镜，我们不仅能区分两个点的不同位置，还能区分两个点的不同亮度。天文学家就是利用实体镜的这一特点，发现了天体亮度的周期变化。如果在不同的照片上，某个星星的亮度不一样，那么通过实体镜就可以很容易分辨出这种差别。

三只眼睛的视觉

看到这个题目，你可能会觉得不可思议：怎么可能有三只眼睛呢？是的，我们没有第三只眼睛，但我们能利用科学知识帮助自己看到一些用两只眼睛看不到的东西。

我们都知道，就算只有一只眼睛，也能用实体镜来看实体照片。这种方法很简单，只要把原本用两只眼睛看的照片在银幕上快速交替播放就行了。也就是说，用一只眼睛，可以同时看到两只眼睛的画面。这是因为，人们的眼睛对于飞快切换的照片，在视觉上是感觉不出来它们的运动的，就像同时看到的一样。当然，我们在看电影的时候，有时也会看到一些立体效果，但不全是因为此，还有可能是在照片拍摄过程中故意让摄影机进行规律性的轻微抖动，令前后的照片不完全相同。当这些照片在银幕上快速变换的时候，就会呈现给我们一种立体感。

回到刚才说的，我们能用一只眼睛看快速变换的两张照片，那么就能利用另一只眼睛来看另一个地点拍摄的另一张照片了。这就是说，我们可以在三个不同的地点，对同一物体进行拍摄，得到三张不同的照片。然后，让其中的两张快速切换呈现在我们的一只眼睛中。此时，这只眼睛就会看到物体的立体影像。在这个像的基础上，我们再用另外一只眼睛看第三张照片。在这样的情况下，虽然我们还是用两只眼睛看照片，但看到的效果却好像我们有三只眼睛一样，立体感变得更强了。

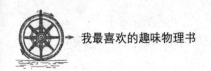
光芒是怎样产生的

如图130所示，这是两张多面体的立体照片，其中一张是黑底白线，另一张是白底黑线。如果把这两张照片放在实体镜下观看，会是什么样子呢？德国物理学家赫尔姆霍茨亲身试验过，让我们听听他的描述：

如果某个平面在一张立体图片上是白色的，而在另外一张上是黑色的，那么在实体镜下，合并在一起的图片就会发出光芒，哪怕纸张并不光滑，也同样会感觉到这种光芒。如果我们把晶体模型的实体图也分别用黑白两种颜色标识，放到实体镜下观看，就会看到晶体模型像是用钻石做成的一样。用这个方法，能让水和树叶等其他东西在实体镜下变得非常漂亮。

生物学家谢齐诺夫在1867年所著的《感觉器官的生理学·视觉》中，详细解释了这种现象：

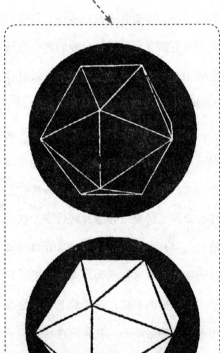

图130　多面体实体照片。在实体镜下观看，两张图融合在一起，黑色背景像是散发着光芒一样

如果我们用实体镜观察两个亮度不同的表面时，与直接观看闪光物体时的情况相同。但是，如果物体的表面非常粗糙，就很难获得这样的效果。因为，粗糙的表面会把光漫射到周围。所以，无论从哪个方向看过去，两只眼睛都会看到明暗不同的颜色，基本上没有差别。光滑的平面就不一样了，它会朝着同一个方向反射光线，最后到达两只眼睛的时候，会有所不同。可能一只眼睛接收了很多反射光，而另一只眼睛几乎一点反射光也没有接到。这就是说，两只眼睛得到的反射光线不一样多，所以用实体镜观看的时候，就感觉好像物体发出了光芒一样。

通过这个实验，我们就能看出，利用实体镜能看到光芒，且是通过两张明暗不同的照片看到的。当然，这个实验也需要一些运气和经验，才能发现光芒的存在。有时，我们还需要把看到的情景和实际情形进行对比，引起视觉反差，这种反差只有在对比中才能发现。

总之，我们在实体镜下能够看到光芒，是因为两只眼睛得到的光线不一样多。如果没有实体镜的话，我们根本无法看到这一现象。

快速运动中的视觉

前面我们谈到过，如果同一物体的不同影像在我们眼前快速切换，就会看到它的立体影像。这就产生了一个问题：如果让我们眼睛快速移动，而物体的图像不动，是否也能产生立体的感觉呢？

答案是肯定的。在这样的情景下，我们同样能看到物体的立体影像。可能有些读者注意到了，在飞速行驶的列车中拍摄的电影画面，就会呈现出立体效果，且不比实体镜看到的效果差。我们自己也能感觉到，坐在飞速行驶的火车上，观看窗外的景物，会发现外面的景物有很强的立体感，远近分明。这时候，纵深感明显增强，已经超过眼睛不动时的 450 米极限立体视距了。

如果你亲身体验过，一定感触颇深。从飞驰的火车中看向窗外，感觉远处的景物在向后退，延伸到很远的地平线下，大自然的雄伟壮观尽收眼底。火车外面的树木、树枝甚至每一片树叶，都显得格外清晰，比站在路旁观察的时候看起来清楚很多。

在快速行驶的汽车上，情况也是一样的。比如，坐汽车走盘山路时，会看到远处山峦的起伏，山谷的高低也看得很清楚。当我们观察快速运动的物体时，会认为它们离自己很近，但其实这是一种错觉。

我们知道，如果物体离我们比较近，看上去的大小和实际大小差不多；可如果距离较远，看上去的大小会比真实的样子小一些。所以，我们在判断一个物体大小的时候，会不自觉地考虑到这个因素。对于这一现象的解释，是德国物理学家赫尔姆霍茨提出来的。

透过有色眼镜

用一支红色的笔在一张白纸上写一些字，然后将一块红色玻璃盖在纸上面，此时再看纸上的字，会发现它们都不见了。这是因为，红色的字和红色的玻璃融合在一起了。倘若把红色的笔换成灰色，再盖上红色玻璃，字就变成了黑色。为什么会这样呢？这是因为，红色玻璃只会让红色的光线通过，而灰色的光线不能通过，所以在有灰色字的地方是没有光线的，因而我们就看到了黑色的字。

有色玻璃的这一性质，其实就是"凸雕"作用，人们还因此发明了"凸雕"画，可以得到跟实体照片一样的效果。在这种画上，我们的两只眼睛会同时看到物体的两个形象，且这两个形象颜色不同，一个是灰色的，一个是红色的，两者看起来是重叠在一起的。

如果我们戴上有色眼镜来看这两个颜色的形象，就能看到一个黑色的、富有立体感的画面。当然，这副有色眼镜是特制的，左边的镜片是灰色的，右边的镜片是红色的。通过这副有色眼镜看"凸雕"画的时候，右眼看到的就是黑色的形象，左眼看到的就是红色的形象。这就是说，我们每只眼睛看到的形象是不一样的，就如同透过实体镜观看一样，我们的眼睛看到的是物体的立体影像。

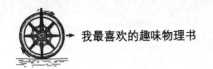

出人意料的颜色变化

在"有趣的科学"展览中，有一个实验很受大家欢迎，这个实验是这样的：

在一个大房间里，放置着很多家具、家电、图书等，颜色都不一样。木质的柜子是暗橙色的，桌子上盖着绿色的桌布，上面摆着红色的饮料和花瓶，书架上放着一些书，上面的字也是五颜六色的。

一开始的时候，房间处在白光照射下，我们看到的就是上面的情形。转动开关后，灯光的颜色调成了红色，这时我们会看到，房间里所有物体的颜色都发生了变化，柜子变成了玫瑰色，绿色的桌布变成了暗紫色，而桌子上的饮料变成了透明的，花瓶和里面的花也变了颜色，书上的字也发生了变化，有的字甚至消失了。如果把灯光的颜色变成绿色，房间里所有物体的颜色还会变成其他颜色，整个房间都不是最初的样子了。

这个实验充分体现了：物体所表现出的颜色不是由它吸收的光线的颜色决定的，而是由它反射光线的颜色决定的，也就是从物体上反射到人眼睛中的光线的颜色。

具体来说，当用白色的光照射物体时，如果我们看到的物体是红色的，那是因为它吸收了绿色的光线，反射出了红色的光线；如果看到的是绿色，则刚好相反。这就是说，物体用否定的方法获得自己的颜色：颜色不是附加的结果，而是排除的结果。

绿色的桌布之所以会在白光下呈现绿色，是因为它反射了绿色和在光谱上与绿色相邻颜色光线，对于其他颜色的光线，它只能反射很少一部分，大部分都会吸收。如果把红色光和紫色光同时射向绿色桌布，那么桌布就会吸收大部分的红光，只反射紫光，此时眼睛看到的就是暗紫色的桌布。

基于此原理，房间里所有物体的颜色才会发生变化。需要特别说明的是，桌子上的饮料为什么会变得透明的呢？这是因为，我们事先在桌布上垫了一块白色的布，饮料被放在白色的布上面。如果我们不垫这块白布的话，在红灯的照射下，饮料就会变成红色。因为白色的布在红光的照射下，变成了红色，但我们习惯把它跟深色的桌布进行对比，所以还会认为它是白色的。饮料的颜色跟放上去的白布的颜色是一样的，所以我们会错误地认为饮料也是白色的。因此，在我们的眼中，饮料不是红色的，而是无色的。

其实，根本不需要这么多道具，只要找几片不同颜色的玻璃，通过它们来看不同颜色的物体，一样能够体会到这种神奇的变化。

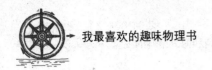
书的高度

把一本书拿在手上，然后用手在墙上比画出它的大小。比如，从地板算起，记住刚刚比画的那个点，然后把书拿到刚才比画的位置进行对比，你会发现刚才比画的书的大小，比书的实际大小大很多。

如果不在墙上指出比画的那个点，而是根据比画的大小说一个高度，这个高度跟书的实际大小的差距会更大。当然，我们也可以不用书，用灯泡、帽子等来做道具，结果是一样的。

为什么会这样呢？这是因为，当我们顺着物体的方向望过去的时候，物体看起来的长度比它的实际长度要短。

钟楼上大钟的大小

前面我们讲到，判断书的高度时，会因为错觉而得到错误的结果。其实，判断放在高处的物体的长度时，我们会犯同样的错误。比如，钟楼上的大钟，我们估计出的尺寸跟它的实际尺寸会有很大的差别。

在我们的印象中，钟楼上的大钟是很大的，但要让我们估计它的大小，我们往往会估计得比它实际的尺寸小。如图132，这是伦敦威斯敏斯特教堂顶上的大钟，把它拆下来放到地上，旁边的人和它对比，看起来就像甲虫一样。可从图上看，它就非常小。

图132　伦敦威斯敏斯特教堂顶上的大钟
实物对比图

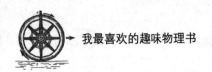

白点和黑点

如 图 133 所示，上面有两个黑点，下面有一个黑点，在它们之间的空白处，你认为还能再容纳几个黑点？四个还是五个？你可能觉得，顶多再放上四个，不可能容纳下五个。

实际上，在这个空白地带，最多只能放下三个黑点，一个也不能再多了。不信的话，你可以用尺子和圆规来证明一下。

在这个图中，黑色的这段长度比我们看上去的长度短，跟相同长度的白色比起来，它要短一些，这被称为"光渗现象"。这种现象发生的原因是，我们的眼睛还不够完善，无法像那些精密的光学仪器一样无所不能。物体在我们眼睛的视网膜上成像的大小，跟对好焦的相机比起来，差距依然很大。我们用眼睛看物体的时候，会有一个球面像差，每个光亮的轮廓外部都有一圈亮边儿，

使视网膜上该轮廓的尺寸变大。结果，我们总是认为浅色的区段比深色的区段大，但其实它们是一样大的。

诗人歌德很喜欢观察大自然，但有时他也会得出错误的结论。在他写的《论颜色的科学》中，有这样一段叙述：

同样大小的物体，浅色的总比深色

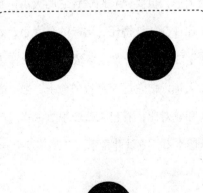

图 133　下面黑点和上面任意一个黑点之间的空隙，看起来要比上面两个黑点外边之间的距离大，但实际上它们的距离是相等的

的看上去要大一些。如果我们同时观察半径相同的两个点，一个是黑色背景上的白点，一个是白色背景上的黑点，后者看起来要比前者小。如果把黑点适当放大，它们看起来就一样大了。观察月亮的时候，如果把弯月和黑色的月面进行对比，会发现弯月的半径比黑色月面的半径大很多。穿深色衣服的人，看起来要比穿浅色衣服的人瘦一些。光线从某一物体边缘射过来的时候，会让人感觉它的边缘好像缺了一块。如果把一根直尺放在蜡烛前面，对着烛光的地方会出现缺口。日出和日落时，地平线也好像凹下去一样。

歌德的这些观察结果大部分是正确的，但有一个问题说得不够准确，那就是白点看起来总是比黑点大一定的倍数，这个比例和观察距离有关。现在我就演示给您看，为什么会出现这样的情况。

把图133拿得更远一些，这种错觉会更加明显，甚至让人觉得不可思议。前面提到，亮边的阔度是不变的，如果在比较近的距离上，它能使光亮变大10%。在较远的距离上，当物体本身变小

图134　从比较远的地方看，会发现白点不是圆的，变成了六边形

时，这个比例可能会变成30%或50%。

前面说过，这是我们眼睛的构造导致的，如图134所示，把这个图拿近一点看的时候，会看到黑色的背景上有很多白色的点，可如果把它拿到比较远的地方看，比如后退两三步来看，会发现图上的圆点已经不是圆的了，而是变成了六边形。如果你的视力较好，可以拿到更远的地方看，效果会更明显。

上面的这种错觉叫作光渗现象，但有一些现象却无法用这一原理来解释。比如说，光渗现象可以解释黑点的缩小，但黑点是不会放大的。如图135所示，图中的黑点若从较远的距离看，也一样会显示出六边形，这就不是光渗现象能

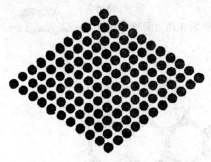

图 135 从远处看，黑点也会变成
六角形

解释的了。所以，很多有关视觉的解释并不是完美的，有一些现象至今还没有找到一个合理的解释。

哪个字母更黑一些

如图136所示，这四个字母是俄文中的一个单词，是"眼睛"的意思。透过这张图，我们来了解眼睛的另一个"缺陷"，在物理学上被称为像散现象。

用一只眼睛看图136中的4个字母，会感觉这4个字母似乎黑的程度不一样，有的更黑一些。如果换一个方向看，那么刚才感觉黑一些的字母变成了灰色，而刚才灰色的字却变黑了。但实际上，这4个字母是一样黑的。

从图中可以看出，每个字母上都有阴影，只是阴影的方向不同。通过玻璃透镜来看，这4个字母不存在差别，但因为眼睛的构造不同于玻璃透镜，所以才会看到差别。因为，我们的眼睛对来自各个方向的光线折射的程度不同，因此，如果同时有水平、垂直和倾斜的线条，我们的眼睛无法同时看清楚。

有些人的像散作用特别明显，甚至影响到了正常的视力。这样的话，他的视觉就不会那么敏锐。如果对视觉影响比较严重，就需要佩戴特殊的眼镜来进行矫正。

我们的眼睛还有许多与生俱来的"缺陷"，而这些缺陷在制造光学仪器的时候，都可以避免。德国物理学家赫

图136 请用一只眼睛看这张图，你会感觉有一个字母比其他字母更黑

尔姆霍茨曾经说过："如果有哪个光学仪器制造者打算把这些有缺陷的仪器卖给我，我认为我有权用最激烈的方式向他提出抗议，这个人对他的工作也太不负责任了！"

眼睛的特殊构造决定了我们可能会产生错觉，有时还不仅如此，我们的眼睛甚至会欺骗我们，但这并不是因为上述原因导致的。

"复活"的肖像

我们经常会看到一些肖像画，无论我们走到哪儿，画中人物的目光似乎一直都在盯着我们。肖像画的这种奇特之处，很早以前就有人注意到了，而且让人觉得十分神秘，神经质的人甚至会被吓到。在果戈里的小说《肖像》中，就有这样一段描述：

两只眼睛紧紧盯着他，好像除了他之外，再也不愿意看到其他人，周围的一切都无法引起它的注意，就那样凝视着他，好像要看穿他的身体一样……

当时的人们对于这一现象，有很多迷信的说法。后来，人们终于弄清楚了事实的真相，谜底很简单，不过是一种视错觉罢了。

我们的眼睛之所以有这样的错觉，是因为肖像画上的人的两个瞳孔刚好画在了眼睛的中间。我们知道，两个人对视的时候，瞳孔就在眼睛中间。当其中一个人保持身体的姿势不变，只是眼睛望着其他方向的时候，瞳孔就会变换位置，转到眼睛的一边或是一角上。这时，对面的人就不会感觉他在盯着自己了。当我们看肖像画时，无论我们朝哪个方向走，画中人的两个瞳孔是不会变换位置的，一直在眼睛的正中间，所以当我们变换位置去看它的时候，依然觉得画中人物在凝视着我们。

同样，如果画上一匹奔腾的骏马，在朝画外的方向奔跑，那么不管我们站在什么角度去看，都会觉得它在朝我们跑来。倘若画中人用一只手指指着我们，无论我们走到哪儿，都会觉得他的手指在指向我们。如图137所示，这是一个特别明显的例子。

在观看这种图画的时候，我们的眼睛总会产生这样的错觉。其实，产生这种错觉的原因并不复杂，它不是我们眼睛的问题，而是肖像画本身导致的。

图 137　广告宣传中常常采用这个形式的设计

插在纸上的线条和其他视错觉

如图 139 所示，画上画着一些大头针，乍一看没什么特别之处，但如果把书放平，并把书拿高一些，让它与我们的眼睛齐平，用一只眼睛顺着大头针的方向去看这些大头针的针尖，就会感觉这些大头针都立了起来，而不是画在纸上。倘若我们的头朝某个方向移动一下，会觉得这些大头针好像跟着我们移动的方向斜了过去。

这种错觉可以利用透视定律来解释。如果我们用上面的方法来看图中的大头针，看到的就是一些竖着插在纸上的大头针的投影。

我们经常会被这些错觉支配，但它们有时也会给我们带来益处。比如，画家们就是广泛地利用了人的这种视觉缺陷，来制造艺术的美感。如果没有这些错觉，我们就难以欣赏到画家们创作的美丽风景画了。

18 世纪的时候，欧拉的著作《有关各种物理资料书信集》中，就写到了这一点：

绘画艺术的产生和发展都是基于眼睛的错觉。如果我们一味地按照真实的情况去描述事物，就不可能有美术这门学科了，我们也就像盲人一样。如果没有这种错觉，美术家所做的一切都是枉然，画出的画没有任何美感可言。对我们来说，那就是一些五颜六色的东西，一块黑一块白，堆积

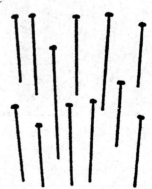

图 138 将这幅图拿到与眼睛水平的位置，用一只眼睛看这些大头针的针尖，顺着大头针的方向看去，会感觉大头针都立了起来

在一起，也只是在一个平面上，不像任何东西，只是一些颜料而已。无论美术家画什么，对我们而言，就如同写在纸上的书信……若真如此的话，我们就会失去美术带给我们的乐趣，这不是一件很令人遗憾的事吗？

在光学上，这种错觉还有很多，收集起来足以写成一本书。除了前面我们提到的那些，还有一些我们并不熟悉的现象，下面就再举几个特别有趣的例子。

如图 139 和图 140 所示，这两张图都是画在格子上的，如果我说图 139 中的字母是竖直的，你一定不会认同，更不会相信图 140 画的是一个螺旋形。现在，请你拿一支铅笔，把笔尖放在螺旋线上，沿着图中的曲线描画，你就会发现，你在绕着圆心画圈。同样，你还可以借助圆规来证明，在图 141 中，线段 *AC* 和线段 *AB* 是相等的，虽然看起来 *AC* 好像比 *AB* 短。图 142 ～图 145，也是一些容易引起错觉的例子。

这里我们要重点强调一下图 144 和图 145 的情况，这种错觉非常严重。过去，要出版一本书的话，需要事先制作锌版，然后再印刷。当时出版这本书时，发生了一件有趣的事，出版人看到锌版后，认为锌版还没有做好，准备让制作锌版的人把白线交叉点上的黑点去掉，最后在我的解释下，他才反应过来。

图 139 字母是竖直的

图 140 看起来像螺旋线，实际上是什么呢？
用铅笔画一下

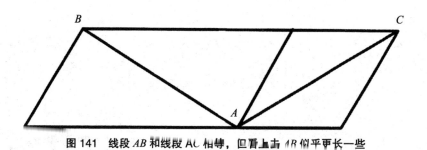

图 141　线段 AB 和线段 AC 相等，但看上去 AB 似乎更长一些

图 142　这条线是直线还是折线？

图 143　上下两个方块是一样大的吗？
两个圆也一样大吗？

图 144　在白线交叉处，你是否看到一些
忽显忽灭的灰方点？它们真实存在吗？

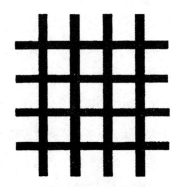

图 155　在黑线交叉处，出现的
灰点真的存在吗？

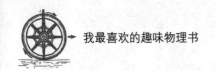

近视的人是怎样看东西的

一个近视患者，如果不戴眼镜的话，很难看清远处的东西。但是，如果不戴眼镜，他们看到的景物是什么样子的呢？对于视力正常的人来说，很难体会到这种感觉。现在，很多人都患有近视，了解他们不戴眼镜时看到的景象，是一件很有趣也有很有意义的事。

如果不戴眼镜的话，近视患者不可能看清楚线条的轮廓。对他们来说，眼睛所见的景物是一片模糊的。视力正常的人在看一棵大树时，可以分清楚在蓝天背景下的树枝和树叶，可对于近视患者来说，那棵大树就是一片模糊的绿色，根本看不清细节。

在不戴眼镜的情况下，近视患者望着一个人的脸，根本看不到对方脸上的皱纹和色斑。在他们眼中，这个人很年轻，脸上也很整洁，就连皮肤也是苹果红的颜色。所以，近视患者对一个人实

际年龄的判断可能会相差20岁。为了看清楚一个人的脸，他们甚至需要把头伸到对方的脸前面端详，好像不认识这个人一样。这些都是因为他们患有近视，对于稍远距离的东西，他们无法看清楚。

诗人捷尔维格是普希金的朋友，他曾经说过这样的话："在皇村的时候，他们不让我戴眼镜，我感觉那里的女人真漂亮。等我毕业后，戴上了近视眼镜，却看不到了，真是失望透顶。"

当我们跟一个近视患者聊天时，虽然他的眼睛是看着你的，但其实他看到的只是你脸部的轮廓，根本看不清你的真实模样。假如过一会儿，他再见到你，但你不开口说话，他甚至根本认不出你。

对近视患者来说，夜间看东西也跟视力正常的人不一样。在灯光的照射下，近视患者看向发光物体时，如电灯、被

灯光照亮的玻璃等，都会觉得它们比实际大小大得多。在他们眼中，这些发光物体都变成了一些不规则的亮斑。街上的路灯不过是几个大的光点，正在行驶的汽车的车头灯只是两个明亮的光点。倘若没有汽车的声音，他们根本辨别不出那是一辆汽车。

在近视患者看来，夜间的星空也是不一样的。当他们望着夜空的时候，只能看到少量的星星，那些光线较弱的星星，他们根本看不到。相较于视力正常的人，近视患者只能看到前者看到的十分之一的星星数量。在他们看来，星星是一些很大的光球，且距离非常近。对于月亮也是一样，在"半月"的时候，他们看到的形状根本不是月牙形，而是一个奇怪的形状。

当然，所有这些失真和物体变大假象的产生，都是因为近视患者眼部构造出现了问题。他们的眼球较大，导致外部物体发出的光线进入眼球后不是折射到视网膜上，而是靠前一点，眼底视网膜接收到的是发散的光线，于是就形成了模糊不清的影像。

Chapter9

声音和听觉

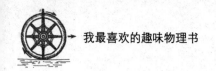
怎么寻找回声

马克·吐温讲过一个笑话：

有一个收藏家喜欢搜集回声，他不辞劳苦地跑到世界各地，去购买那些能够产生回声的土地。他先去了佐治亚州，买了一块能重复4次回声的土地。然后，又去了马里兰，买了一块有6次回声的土地。然后，他又到了关恩，买了一块有13次回声的土地。再然后，在堪萨斯买了一块有9次回声的土地，在田纳西买了一块有12次回声的土地。最后买的那块地很便宜，因为这块地的一块峭岩破掉了，需要维修。糟糕的是，负责维修的建筑师缺乏经验，把事情搞砸了。结果，这块地只能给聋哑人住了。

显然，这不过是一个笑话，但回声在现实中却是存在的。有些地方因回声而闻名，成了旅游胜地。下面，我们就来说几个例子。

英国的伍德斯托克，那里的回声可以重复17个音节。在格伯思达附近的一个城堡废墟，回声可重复27次。不幸的是，后来坍塌了一堵墙，这个回声就再没有出现过。在捷克斯洛伐克，有一个叫亚德尔思巴哈的地方，那里有一块断掉的岩石，如果刚好站在一个特定的位置上，回声可以让7个音节重复3次，可如果偏离这个位置，回声就消失了。在米兰附近，曾经有一座城堡也能产生多次回声，据记载，那里的回声最多可重复40~50次，最少也有30多次。

那么，有没有一个地方，只能产生一次回声呢？这样的地方不太好找。不过，如果是在山地里，听到回声的概率会小很多。其实，回声就是声波在传播过程中遇到了障碍物，而后反射了回来，与光的反射是一样的。通常，我们把声波传播的方向叫作声线，和光反射一样，它的反射角也跟入射角相等。

如图 146 所示，假设你就站在山脚下，你所站的地方 C 的对面有一个大型的障碍物 AB，它比你所站的位置高很多，你发出的声波沿着 Ca、Cb、Cc 的方向向前传播。很明显，经过反射之后，这些声线并不能回到你站立的地方，更无法传到你的耳朵里，而是沿着 aa、bb、cc 的方向向上传了出去。

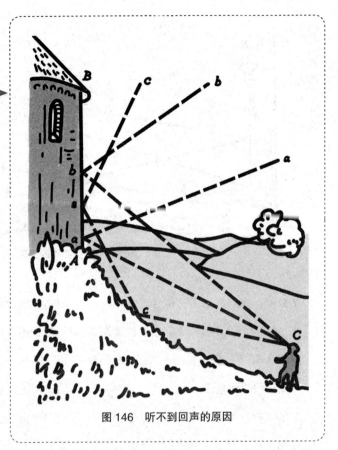

图 146　听不到回声的原因

可如果你站立的位置跟障碍物在一个平面上，或者比障碍物略高，如图 147 所示，情况就不一样了。声波沿着 Ca、Cb、Cc 向下传播，遇到地面进行反射，遇到了障碍物又进行反射，沿着 CaaC 或 CbbC 的方向回到你的耳朵里。这样，你就听到了回声。地面上的那些凹陷，就跟凹面镜一样，能让回声更清楚。反之，如果地面上是一些凸起，回声就会变得微弱，甚至可能会把回声反射到其他方向，从而让你听不到回声。

在凹凸不平的地面上，想寻找回声，需要一些方法。就算你找到一个看似合适的位置，也未必能够听到回声。要想听见回声，就不能靠障碍物太近，必须给声音一个较远的距离进行传播，否则的话，就算有回声，也会因为跟原来的声音相隔时间太短而重合在一起无

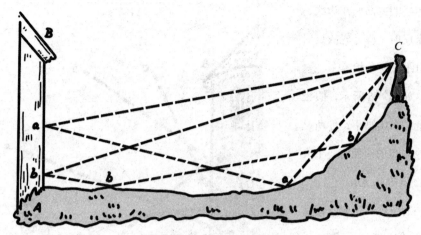

图 147　听到回声的原因

法分辨。我们都知道，声音的传播速度是 340 米／秒，如果我们站的位置距离障碍物 85 米，倘若有回声的话，我们会在半秒后听到它。

回声其实并不神秘，它就是声音传播出去后又返回来形成的。但是，并非所有回声都能听清楚，有时我们的听到的回声就像野兽在咆哮，或是像人在吹号角，还有可能像打雷的声音。也就是说，回声是各种各样的。如果产生回声的原声比较尖锐，且不够连贯，那么听到的回声就会清楚一些。拍手能产生清晰的回声，但人说话的声音就不行。而且，男人的声音比女人或孩子的声音更不清楚。

声音反射镜

所有能产生回声的障碍物，都可以称为声音反射镜，如森林、高大的围墙、建筑物和高山。它们就像镜子反射光线一样，能够反射声音，产生回声。

不同的是，反射声音的这些镜子不一定是平面的，有的可能是曲面的。反射声音的凹面镜和反光镜一样，能把声音聚焦到焦点的位置。

下面，我们可以做一个实验：把一个盘子放在桌子上，再找一个怀表，用手拿着，放在盘子上方几厘米的位置。然后，把另一只盘子放在耳朵旁边，如果怀表的高度刚好在恰当的位置，且盘子也放对了位置，那你就能从耳朵旁边的盘子里听到怀表滴答滴答的声音。闭上眼睛的话，这种感觉会更明显，甚至让你误以为怀表就在耳边，如图 148 所示。

中世纪的建筑师在建造城堡的时候，经常会把一个人的半身像放在凹面障碍物的焦点位置，或是巧妙地将其放置在墙里面管道的另一端。如图 149 所示，这是从 16 世纪的一本书里找到的建

图 148　声音反射镜

图 149 1560 年出版的一本书里的插画，绘制的是会说话的半身雕像

筑图，可以看出，建筑师想到并做了这些装置：外面的声音经过传声筒和拱形的天花板传到半身雕像所在的位置，就像从雕像口中发出似的；这些砌在墙中的巨大传声筒，可以把外面的各种声音传到大厅里的半身像上……只要走进这间屋子，人们仿佛听到半身像在喃喃自语，或是低声唱歌。

剧院大厅里的声音

很多人喜欢去剧院或音乐厅里，那里的音响效果非常好，虽然演员距离自己很远，但声音却听得很清楚，音乐的声音也是如此。但是，有的大厅却刚好相反，就算坐到最前排，也听不到演员说话和音乐的声音。美国物理学家伍德在他的《声波及其应用》一书中，解释了这种现象产生的原因：

建筑物内声源发出的声音，都要传播一段较长的时间才会停下来，期间会进行多次反射，在建筑里走好几个来回。同时，还有可能会有其他声音发出来。在前面的声音尚未消失的时候，新的声音掺杂进来，声音就会混在一起。假设声音在建筑物里能"存活"3秒钟，说话者在1秒钟的时间发出了3个音节，就会有9个音节的声音在建筑物里传播，根本无法听清到底说的是什么。除非，说话的人压低噪音，一个字一个字地说，

且吐字清晰。可是，实际情况恰恰相反，人们说话的时候，总是无意识地提高噪音，这样反而让噪音变得更大了。

以前，建筑学不太发达，想要建造一座不被回声干扰的剧院非常困难，现在人们已经解决了这个难题，可以消除交混回响。在这里，我们不详细谈了，但要说明一点，建筑师是通过建造一些能够吸收多余声音的墙壁，来消除交混回响的。还有一个很好的办法，也能消除杂音，那就是把窗户打开。在建筑学上，有人把1平方米的窗户作为计量声音消除能力的单位。其实，除了窗户以外，剧院里的人也有这个功效。只不过，一个人对声音的吸收效果，相当于0.5个平方米的窗户。曾经有一位物理学家说："听众们会吸收演讲者的话语。"这里的"吸收"完全可以理解为字面的意思。按照他的说法，空旷的大厅对演

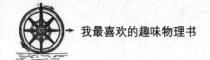

讲者来说不太有利。

但是，如果大厅里的声音被吸收得太厉害，也未必是好事，我们会听不清楚声音。道理很简单，大部分的声音都被吸收了，声音就变得微弱了，还可能影响交混回响的消除。此时的声音，听起来断断续续的。所以，我们要避免较大的混响，但也要避免声音被吸引得太多，对不同的大厅来说，混响的最佳值是不同的，这在设计大厅的时候就要计算好。

从物理学角度来说，我们还要考虑舞台前面的提词间。不知道你有没有注意过，所有提词间的形状都是一样的，这是因为提词间本身就是一种物理装置，它的拱顶是一个反射声音的凹面镜，可以防止提词的人把声音传到观众的耳朵里，同时把提词声反射到舞台上去。

海底传来的回声

很长一段时间，人们都觉得回声没什么用处。但在后来的一次偶然事件中，人们突然发现，回声可以用来测量海洋的深度。

1912 年，远洋客轮"泰坦尼克号"与冰山相撞，几乎所有的乘客都随着这艘巨轮一起沉入海底。为了避免类似的惨剧再次发生，人们开始尝试利用回声探明轮船的前方是否有冰山。这种尝试最初并未成功，但人们因此想到了回声的其他用途，那就是利用回声测量海洋的深度。

如图 150 所示，这就是利用回声来测量海洋深度的示意图。图示船只一侧的底仓里，有一个火药包，当这个火药包爆炸的时候，会发出巨大的声响。声音穿过船底的水抵达海底，经过海底反射后再传到船上，由船上的精密仪器来接收这个声波。计时器能准确地记录下从发出声波到接收到回声的时间。我们知道声音在海洋里的传播速度，因而就能计算出海洋的深度。

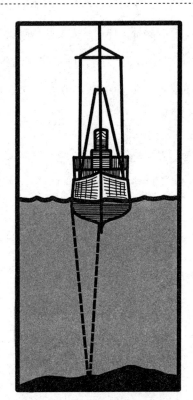

图 150　利用回声测量
海洋的深度

图 150 的装置叫作回声探测器，给海洋深度测量带来了巨大的技术变革。以前，人们在没有想到这个办法的时候，就用测锤来测量海洋深度，但只能在船静止不动的时候进行测量，且花费的时间较长。绳子要从上面的转盘垂下去，每分钟顶多垂下 150 米，从海里提上来也是一样，特别慢。如果要测量的深度是 3000 米的话，大概得用 45 分钟的时间。然而，在发明了回声探测器后，同样深度的测量工作，只需要几秒钟就可以完成，且在船只进行过程中也能进行。更重要的是，这种测量的方法误差很小，比测锤精确多了。据说，回声探测器可以把误差减小到不大于 0.25 米，相当于时间上的精确度达到了 1/3000 秒。

在浅海，这种探测器同样有广泛的应用，可以保证航行安全，避免发生触礁事件。现在，人们已经不用普通的声音作为回声探测器的声源了，而是用一种超声波。这种超声波是在快速交变的电场中，利用石英片的振动产生的。它的频率非常高，每秒大概是几百万次超出了人耳能够听到的声音范围，即 20 ~ 20000 赫兹，因而人类无法听到。

昆虫的嗡嗡声

昆虫飞过的时候，总会有嗡嗡嗡的声音，这是怎么回事呢？从昆虫的身体结构来讲，它们并没有发出这种声音的器官，之所以在飞行时会出现嗡嗡的声音，是因为它们的翅膀每秒钟要扇动几百次。翅膀在振动的时候，就相当于振动的膜片。我们知道，膜片每秒振动的次数如果超过 16 次，就可以产生一种音调。

现在你就可以明白，人们是怎样确定各种昆虫飞行时翅膀每秒中振动的次数的：只需要根据声音确定昆虫飞行时发出的音调即可，因为每一种音调都对应着一定的振动频率。前面我们讲过"时间放大镜"，借助这一工具，我们就能发现各种昆虫翅膀的振动频率几乎是不变的。当昆虫想要调整飞行角度或方向时，变化的只有翅膀振动的幅度和角度，

但频率是不变的。但如果在寒冷的天气里，这个频率会稍高一些。这就解释了为什么昆虫在飞行的时候，发出的声音基本上没变化。

通过测量，我们知道苍蝇飞行时发出的音调是 F 调，它翅膀的振动频率是 352 次／秒，而山蜂是 220 次／秒。尚未采到花蜜的蜜蜂在飞行时每秒钟扇动翅膀 440 次，可发出 A 大调的声音；采到花蜜的蜜蜂飞行时每秒钟扇动翅膀的次数是 330 次／秒，发出的声音是 B 大调。甲虫飞行时翅膀的扇动频率比较低，发出的声音也比较低沉。相反，蚊子发出的声调比较高，它的翅膀振动频率是 500~600 次／秒。我们通常说的直升机，它的螺旋桨每秒只转 25 转。对比上面的数字，你就知道昆虫扇动翅膀的频率有多高了！

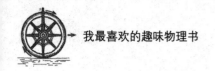

听觉上的错觉

当一个微弱的声音传到我们耳朵里，我们会认为这个声音来自于很远的地方，甚至觉得这个声音很响。其实，这是一种听觉上的错觉，也是很常见的，只是很少引起我们的注意。

美国科学家威廉·詹姆士写过一本书叫《心理学》，里面讲述了一件很有趣的事：

一天夜里，我正在书房看书，突然听到一阵可怕的声音从房子前面传来。一会儿，这个声音就消失了，一分钟以后，那个声音又重新出现。我走到客厅，

想仔细听听这个声音，可它再一次消失了。我刚回到书房拿起书，它又响了起来，好像是暴风雨来临前的巨大声响，从四面八方传来。我很恐慌，再次走进客厅，而声音却又听不见了。

当我第二次回到房间时，我突然发现，这个声音是躺在地板上的小狗睡觉时发出的鼾声！有趣的是，在发现了这个声音的真正来源后，就再也没有恢复刚才的那种幻觉了。

我们可能都有过这样的经历，这就是听觉上的错觉。

蝈蝈的叫声是从哪儿传来的

当我们听到一个声音的时候，通常不知道它是从哪个方向传来的。

如图 151 所示，如果枪声是从我们的左边或右边发出的，我们很容易就能辨别出。但如果声音是从我们的前面或后面发出的，我们就很难辨别了。

如图 152 所示，明明是从前面传来的枪声，我们却误认为是从后面传来的。这时，我们只能根据声音的强弱来判断它的远近。

下面，我们来做一个有趣的实验：请一位朋友站在房间的正中间，蒙住他的眼睛，请他安静地待在那里，不要转动头部。然后，你拿两枚硬币站在他的正前方，敲打两枚硬币，让他说说硬币敲打的声音是从哪里发出来的？他的回答肯定会让你大吃一惊：声音本是从房间的这个角落里传出来的，但他却把手指指向相反的方向。

但是，如果声音不是从他的正前方或正后方发出，而是从他侧面发出，他就判断得比较准确了。因为，当在他的侧面敲击硬币的时候，距离声音较近的耳朵会先听到这个声

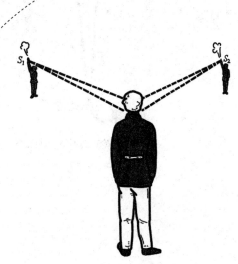

图 151 　枪声是从左边传来的，还是从
右边传来的

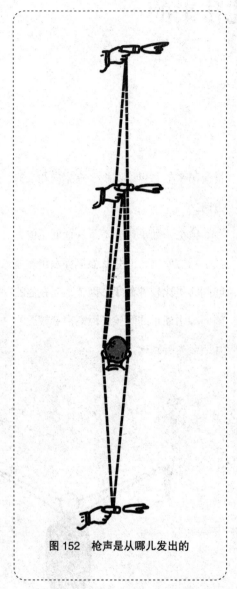

图152　枪声是从哪儿发出的

音，且比另一只耳朵听到的声音大，所以很容易判断出声音来自左边还是右边。

通过刚才的实验，我们就很容易理解，为什么很难发现草丛里叫唤的蝈蝈。蝈蝈尖锐的叫声，听起来像是从马路的右边发出来的，离我们只有两步远，可真的去那里看的话，却发现什么都没有，而且声音似乎又跑到了左边。同样，再跑到左边去寻找，依然看不到蝈蝈的影子。其实，这个家伙一直都没有动，它的飘忽不定是我们想象出来的，是听觉上的幻觉。我们的错误在于把头转向了蝈蝈的方向，使得蝈蝈刚好位于我们的正前方。这个时候，最容易出现声音方位的判断错误，蝈蝈明明在我们的正前方，我们却认为它在正后方。

由此，我们可以得到一个经验：如果想知道蝈蝈的声音或是杜鹃的声音从哪儿来的，就不要把头转向声音的方向，只要把头转向一侧，就能听出来了。这也是我们常说的"侧耳倾听"。